雷の不思議

乾 昭文・山本充義・川口芳弘

八千代出版

はしがき

　著者の1人、乾は雷博士と呼ばれ、NHK、民放各局のテレビで雷についての解説放送を行ってきた。その中で、人々が雷に多大な関心を持っているのを知った。

　氏子たちが担ぐ神輿に落雷があった。野の広場で強い夕立があり、大樹の下で雨宿りをしていた人に木から飛ぶ側撃雷（木に落ちた雷が近くにいた人に飛び移った）があった。雷鳴があるのにプレーを続けたゴルファーに雷直撃があったなど悲報を聞く。雷に対する初歩的な知識があれば免れたのに。今の科学を以てすれば、備えあれば雷は恐ろしいものではない。大きな建屋には避雷針があり、その周辺を含めて雷害はなく、夜空の閃光は壮大な美しい自然の営みとさえ感じる。

　フランクリンの雷の究明研究以前は、雷は不思議であり恐怖をもたらす存在だったが、今、人々はその災害から逃れる術を知った。

　本書では雷に対する認識、昔から今に至る変化の経緯とこれに対する対応を4章に分けて説明する。各章は可能な限り独立するように書かれてあるので、興味のある章から読み始められ、最終的には全章を読破されることを期待したい。

2015年9月

著　　者

目　　次

はしがき　*i*

序章 ……………………………………………………… *1*
0.1　雷の起こる仕組みと雷の種類―雷の正体は何なのだろうか　*2*
　　雷は静電気である　*2*
　　直撃雷と誘導雷　*2*
　　側撃雷　*3*
　　夏季雷と冬季雷　*3*
　　多重雷　*4*
0.2　雷の研究―中国、日本、西欧での雷研究の始まりから最新の研究成果まで　*5*

1章　避雷針 ……………………………………………… *7*
1.1　避雷針の役割　*7*
1.2　日本における避雷針　*12*
　　江戸時代の避雷針　*12*
　　明治時代初期の避雷針の書　*13*
　　明治時代中期の避雷針の書　*16*
　　現行の避雷針　*18*

2章　雷害対策 …………………………………………… *23*
2.1　雷の種類と特徴　*23*
　　直撃雷と誘導雷　*23*
　　側撃雷　*24*
　　夏季雷と冬季雷　*25*
2.2　雷害事例と避雷対策―雷の種類による分類　*28*
　　直撃雷による傷害と対策　*29*
　　側撃雷による傷害と対策　*30*
　　歩幅電圧傷害と対策　*34*
　　誘導雷による傷害と対策　*34*
　　多重雷による傷害と対策　*35*

目　次

2.3　雷害事例と避雷対策——場所、物などによる分類　*37*
　　海、海水浴、川、湖沼などでの落雷と対策　*37*
　　鉄道への落雷と対策　*39*
　　風車への落雷と対策　*40*
　　農作業での落雷　*45*
　　学校、校庭、運動場での落雷　*46*
　　航空機の落雷対策　*47*

3章　雷　物　語　………………………………………　*49*
3.1　雷はどのような存在であったのであろうか　*49*
　　中国でのこと　*49*
　　日本でのこと　*52*
　　西欧でのこと　*55*
　　セント・エルモの火　*57*
3.2　雷災例（避雷針以前）　*58*
　　大型建屋への雷災　*59*
　　寺塔などへの雷災　*61*
　　火薬庫への雷災　*62*

4章　雷　の　研　究　………………………………………　*63*
4.1　雷研究の始まり　*63*
　　中国での雷の研究の始まり　*63*
　　西欧での雷の研究の始まり　*63*
4.2　雷の研究事始めから最新研究まで　*64*
　　静電気の研究　*64*
　　雷の実証研究　*67*
　　日本の雷研究事始め（江戸時代のこと）　*72*
　　雷の今の考え　*77*
　　雷電圧と雷電流の波形　*79*
　　人工雷発生器　*80*
　　雷インパルス大電流回路　*84*

索　　引　*87*

iii

序　章

　雷と聞くとどのような感じを持つだろうか。「雷は怖い」「ゴロゴロ鳴る音が聞こえると雷がやって来る」「雷は神なり」などなど、言い伝えにもいろいろある。雷が自然現象であることは確かなことだが、怖い、危ないと同時に、どこか神秘的で不思議な存在ではないだろうか。

　昔の人にとって、雷は得体の知れぬ恐ろしい存在、人知の及ばぬものであれば、いろいろと憶測が生まれる。天帝の使いとなれば雷神、擬人化すれば雷公。雷は恐ろしいだけでなく、悪事をする者には罰を与えるが、慈雨で田畑を蘇らせもする。落雷は災害を伴うが、雷が落ちた大地は肥沃となり、茸が生え草木に活気を与える。雷に打たれた鉄鉱石は磁化され、粉砕された岩石は、時には石斧など手道具に変わる。かくて、雷は人々により、現実と願望が入り混じった憶測がなされ、面白半分の語り草を含めて、種々の形で伝承されている。

　本書では、1章、2章で、雷を誘導し建物を守る「避雷針」の役割から、その発明されたいきさつや発展の経緯を述べるとともに、雷の種類や特徴、雷被害の事例やその対策までをまとめる。それ以下の各章では歴史的背景を探り、特に3章では、古典より雷物語を中国、日本、西欧、それぞれのお国事情とともにまとめ、4章では各国での研究事始めから最新の研究成果までをまとめる。どの章から読んでも「雷は不思議なものだなあ」という実感が湧くであろう。

　この序章では、「雷とは何か」ということと、雷研究の始まりから最新の研究成果の一端に触れてみることにしよう。

0.1　雷の起こる仕組みと雷の種類—雷の正体は何なのだろうか

雷は静電気である

　ドアなどのノブに触ったとき、パチッと音がして、暗いところでは火花が見えるときがある。また手にビリッとしびれを感じたことがないだろうか。これは、手に放電する現象、つまり手からドアノブに雷が落ちたのである。電気が走ったと感じることもあるかもしれない。ドアノブに電気が来ていたのでもなく、電気がたまっていたのでもない。人や衣服に静電気がたまることにより、まるで人が雷雲のようになり、ドアノブに触った瞬間、その静電気がドアノブに落ちたのである。その現象は、人から雷が落ちたともいえる。ただし、実際に人が静電気により感電したのは事実である。

　雷は自然界に起こる大規模な静電気現象であることがわかっている。雷の正体が静電気と聞いてもピンと来ないかもしれないが、雷は静電気の固まりである。雷の発生原因にはいろいろなものがあるが、最も一般的なものは積乱雲（入道雲）によるもので、その中で静電気が発生して雷雲ができているのである。これについては2章、4章で述べることにする。積乱雲の中では氷晶粒子が氷結時の温度差で分裂したり、衝突したりして細分化され、小さい粒子は上昇気流に乗ってさらに上昇し、温度の高い粒子は集まって雹や霰となり重力により下降する。この時に帯電し、電気を帯びた雲となって雷が起きることがわかっている。

　特に雷の種類については2章で、雷害に焦点をあてて詳しく解説するが、主なものは次のように分類できる。こうすると雷の特徴や怖さ、被害の程度を知る上でわかりやすい。

直撃雷と誘導雷

　落雷による被害を「直撃雷」と「誘導雷」による被害に分類するとわかりやすい。

　直撃雷は人体や物体に雷撃が直撃することをいい、直撃を受けた場合の被

害をゼロにすることはまず不可能だといわれている。これに対し、誘導雷は落雷した付近で落雷のエネルギーにより電磁界が大きく乱れることにより発生する。誘導雷による被害などについては次のようにまとめられる。最近では、近くで雷が鳴っていると思っているうちに、パソコンなどの電子機器やテレビやビデオが停止する、あるいは破壊されるといった新しい損傷事例が増えている。そして、その対策方法などを探求することが急がれている。雷の電磁波は、送電線や通信線、電話線を通して建物の中まで侵入し、電子機器に影響を及ぼす。場合によっては窓から侵入することもある。建物の構造にまで及ぶような対策も含めて考えておく必要がある。

ほかに、雷の落ち方の特徴から「側撃雷」という分類もある。

側撃雷
人体や木、建物などに直接落ちる雷を直撃雷といい、この直撃雷の周辺で起こるもので、枝分かれして放電して落ちる雷を側撃雷という。特に樹木などに落雷し、付近の人や物に飛び移って落雷する側撃雷は非常に危険で、事故例も数多く報告されている。雷の放電自体が枝分かれしやすいことと、樹木より人体の方が電気を通しやすいことの両方が原因である。

日本では特に、地域により、また季節により発生する雷に特徴的な違いがある。

夏季雷と冬季雷
雷には季節的な特徴があり、日本では夏の雷は全国的に発生するが、冬の雷は日本海沿岸などの限られた場所で発生することが気象庁の調査で明らかになっている。夏は日中の強い日差しで暖められた空気が上昇して、背の高い積乱雲となるので、午後から夕方に多く発生する。これに対し、冬の雷は大陸から噴き出してきた寒気が日本海で暖められて発生するので、昼夜問わず発生し、落ちやすい雷といえる。また、冬の雷は高度が低く、暗雲たちこ

めるといった感じで、横に広がり数 km にわたることもある。

このように、日本では地域により、発生する雷の季節的な相違があり、「夏季雷」や「冬季雷」が、発生しやすい地域がある。また、「夏季雷」と「冬季雷」ではその様相が大きく異なるという特徴を有している。

多 重 雷

雷は1回のみで終わるのではなく、1度に多くの雷が発生することがある。数回の雷撃を繰り返す雷や、途中から枝分かれして同時に複数の雷撃が発生する雷を総称して多重雷という。広場やゴルフ場で1度の落雷で同時に多くの人が雷に打たれるという多重雷の被害も多く報告されている。また、岩場や硬い岩盤、雨が降った運動場などで、近くに雷が落ちたときに多数の人が雷災害に遭うという多重雷の被害もある。登山中や公園での被害も多くなっている。

雷により、人命に関わる事故例も後を絶たない。このような雷の事故は地域的なもの、季節的なもの、また、周りの建物、樹木等の環境でも大きく変化する。これらについても、2章に事例とともに詳しくその対策案も含めて述べられているので、ぜひ参考にしてほしい。雷による停電のほか、電車が止まってしまったという事故例も時々ある。多くの人に被害が及ぶものである。

落雷による傷害には、直撃雷による傷害、落雷を受けた物体からの側撃雷による傷害に加えて、「歩幅電圧傷害」といわれるものもある。人の歩幅で電位差が生じて感電するというものである。その他、雷による被害、傷害などの雷害事例と対策についても2章で詳しく述べられている。

0.2 雷の研究
―中国、日本、西欧での雷研究の始まりから最新の研究成果まで

　雷が大規模な静電気現象であるという認識に至るまでには、それなりの経緯があった。これらについては3章の「雷物語」で、伝承、古典時代のことにも触れ、その経緯を探ることとする。

　雷そのものの究明は科学的思考発祥の地・西欧で、静電気の研究が行われるまで待つことになる。詳しい静電気の研究については4章の「雷の研究」を参照してほしい。
　静電気の研究に寄与した近世西欧の偉人には、誰もが1度は名前を聞いたことがあると思われる人物、ニュートン（Isaac Newton：英、1643～1727）、フランクリン（Benjamin Franklin：米、1706～1790）などの多数の著名な研究者たちがいる。初期の研究は学術的というよりは高級な玩具を作製していたようなものといえるかもしれない。それでも、電気、特に静電気の研究は進化している。静電気の発生器が開発され、静電起電機の高性能大型化が実現し、ライデン瓶（一種の蓄電器）の発明により、長い火花放電の発生とそれによる実験が可能になっている。すると、静電気による火花放電と雷放電の類似性から、雷は大がかりな静電気現象ではないかと考えられるようになり、その究明研究が始まった。摩擦静電起電機とライデン瓶の組み合わせの研究から、ホークスビー（Francis Hauksbee：英、1666～1713）やニュートンらも火花放電と雷は同一のものであると考えるようになったのである。そして、1752年にこれを実証したのがフランクリンである。フランクリンの凧による雷の実験は有名である。この凧の実験は避雷針の発明にも至り、今日の人々を雷被害から救うことになる。
　避雷針については、その役割から発展の経緯までを1章で簡潔にまとめる。避雷針に至る雷の研究については、4章に詳しく述べられているのでこれも参考にしてほしい。

本書は次のような構成になっている。どの章から読んでも興味深く読めるようになっている。
　１章　避雷針
　２章　雷害対策
　３章　雷物語
　４章　雷の研究

　また、雷に関する言い伝え、語り草を含めて、種々の形で各地に伝承されている話題がある。この中で、今でも流布しているもののいくつかを、「こぼれ話」として紹介するが、本当のこと？　などと不粋なことはいわぬこと。一読して楽しんでほしい。
　それでは、「雷の不思議」に誘（いざな）いましょう。

1章 避雷針

　避雷針（避雷装置）の発明により、雷害を大幅に減らすことができるようになった。雷の不思議を探るため、まず、雷から建物を守る避雷針の役割と、発明に至る経緯についてまとめよう。

1.1　避雷針の役割

　避雷針は雷を誘導し、雷放電電流を地中に逸散させ、建屋を守るのに「避雷」とはおかしな話だと思う人がいるかもしれない。しかし、雷雲が発生しても初期の段階では鋭い突針に無声放電（先端放電）を起こさせ、雲中の電荷を徐々に逸散させることによって地上面の電界を弱め、落雷を避ける働きが期待できるならば、まさに「避雷」である。でも、雷雲が近づき地上面電界が一段と高くなり、落雷となれば、避雷針は、それを受け地中に雷放電電流を流し込み、拡散させる役割も当然のことだがある。このことに関し、少し古い話になるが、『防雷鍼署説』(鍼は針、署は略、1873年〔明治6年〕、明石博高)に詳しい説明がある。内容は下記のようなもので、避雷針発明者フランクリンの考えを踏襲したものと思われる。

　図1.1において、「充電しているライデン瓶で、球頭同士（球間隙）を近づければ、たちまち火花放電を起こし暴声を発生する。球の代わりに尖頭（針間隙）を以てすれば、電荷は緩徐に導き、火花暴発せず、少しも変動なし。防雷鍼（避雷針）の頭を尖鋭とすれば、電気緩弱潜伏し、火響を発生することはない。雷雲起こりて堂廈に近づけば、其雷防電鍼の先端に引かれて、地中、あるいは水中に入り、堂廈を撃つ危険から避ける」とある。

　地上電界強度を緩和するための無声放電には、突針は鋭ければ鋭いほど効

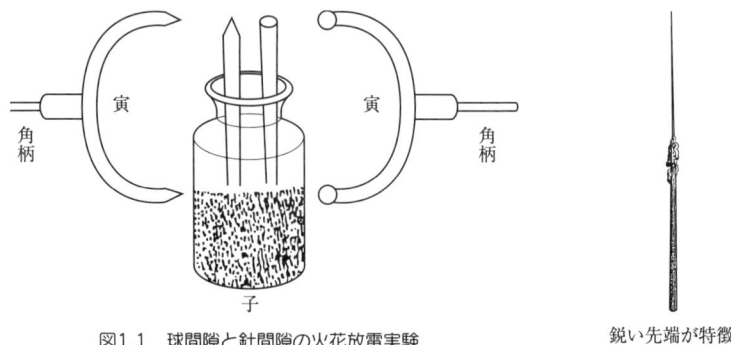

図1.1　球間隙と針間隙の火花放電実験
（『防雷鍼畧説』1873年）

図1.2　1790年代の最初期の突針
鋭い先端が特徴

果がある。だが1回の受雷で溶失し、次の雷撃に役に立たない恐れもある。フランクリンは避雷針の普及に努め、関係情報を収集していた。その例として、図1.2に示す鋭い突針を設備した建屋は受雷で無事だったが、突針は長さ10インチだったのに先が溶失し、7.5インチになっていた。受雷に耐えるには突針の先端は円錐型程度のゆっくりした尖りであることと、太さは受雷実例では0.35インチのものは往々にして溶失しており、さらに太いものが望まれる。

　さて、避雷針として具備すべきものは受雷部の突針の他に、雷電流を大地に伝える引き下げ導線、引き下げ導線から雷電流を大地に放流させるために大地に埋め込んだ接地電極がある。この3つの構成要素が適正のものでなければ、かえって雷害を招く。これに対応するため、フランクリンの避雷針発明の約100年後の1880年に、英国で避雷針調査委員会が組織され、これまでに集めた諸説を整理統合した同委員会調査報告書（以下、英国報告書と記す）を1881年に発表した。さらなる発展として、欧米とインドを含む諸国の専門家からなる万国避雷針会議が開催され、討議結果をまとめた同会議報告書が1883年に発表された。この中には英国報告書の内容が多く取り入れられている。この報告書提言が最も安全なものとして世界各国で標準基準として採用された。我が国でも電気事業管理者である逓信省（現在は経済産業省）が皇居をはじめ諸官庁建築物にこの方式の避雷針を設置した。

8

1章 避雷針

　以下に、基本となった英国報告書を参考に加えながら、この同委員会の報告書の内容を抜粋し、簡略に述べる。
　まず避雷針の用途（役目）であるが、次のように述べられている。
「避雷針、効用に弐あり、一は放電を容易に大地に伝えて以て其危害を除き、一は近傍に破撃放電発すべき形成あるに当て之を無聲に靖和（緩和）して以て其患を未発に防ぐに有り」。
　要するに、突針には2つの役割があって、1つは無声放電で近傍に落雷発生の様子があれば、鋭い突針で雲中の電荷を平穏に導くものであり、他のもう1つは受雷を引き受け、雷電流を大地に流し込むことである。この2種の役割を果たすことができる突針として委員会報告書は図1.3の突針を具体的に示している。突針は中央針と側針の2種で構成される。中央針は径$\frac{5}{8}$インチ（16mm）以上で先端は金、白金あるいはニッケル鍍金したもの、頭部の下1フィート（30cm）のところに銅環をはめ、これに長さ6インチ（15cm）の鋭い針の側針（枝針）を3本または4本取り付けた構造である。引き下げ導線

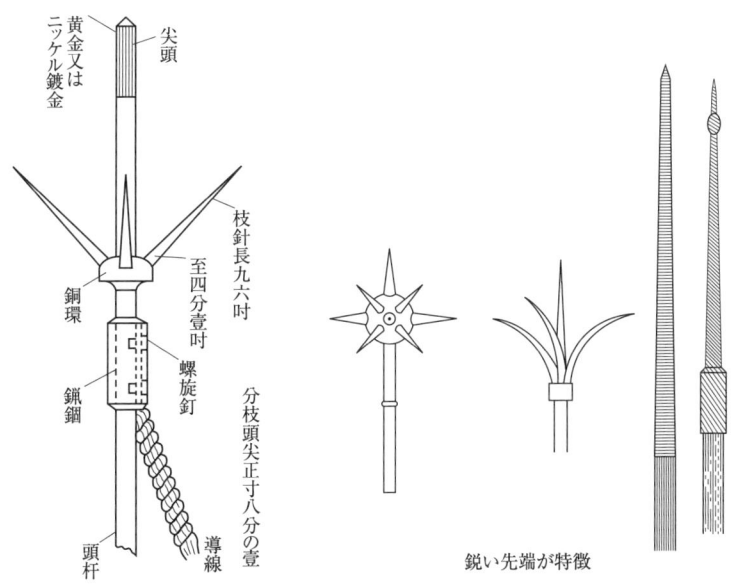

図1.3　英国ならびに万国避雷針会議で提示された突針

図1.4　仏国電気博覧会（1880年頃）出品の尖頭（突針）

9

には銅撚り線が望ましく、径$\frac{1}{2}$インチ (12.7mm)、断面積$\frac{1}{10}$平方インチ (0.6cm^2) のもの、地中に入れる接地電極の面積は12平方尺 (1.1m^2)、厚さ$\frac{1}{16}$インチ (1.6mm) のもの、これを湿気の多い地中に埋める。

仏国電気博覧会 (1880年頃) に展示された突針が図1.4に載っているが、旧式の鋭いものが多い。

避雷針の保護範囲は、従来は尖頭を頂点とし、その高さの2倍を底面の半径とする円錐形内としたが、仏国では1.75倍、英国では1.0倍にとっている。保護角としてはそれぞれ60度、45度に相当する。45度あれば雷害を受けることがないと想定された (保護角法)。避雷針の高さは、仏国では飾りという意味もあり、33フィート (10m) と高いものが多いが、英国では隠蔽したい風があり、それほど高くない。図1.5のセントクロワー教会 (英国、1880年頃) の例が掲載されている。尖頭にA1基、東端にC1基、南北の出っ張り屋根の中央にB各1基の4基で構成されている。

上記、万国避雷針会議報告書の内容は日本の現JIS規格 (国際規格IECに準拠したもの) にほぼ適合しうるものである。ただしJISの突針の中央針は径12mm以上の銅棒を使用することになっている。側針は省略、中央針1本のものが一般的である。

図1.6に現用の突針の一例を示すが、風その他に対する機械的強度を含めて根元の直径は24mm、先端でも直径は16mm ($\frac{5}{8}$インチ相当)、長さは約500mmといずれも十分な値となっている。

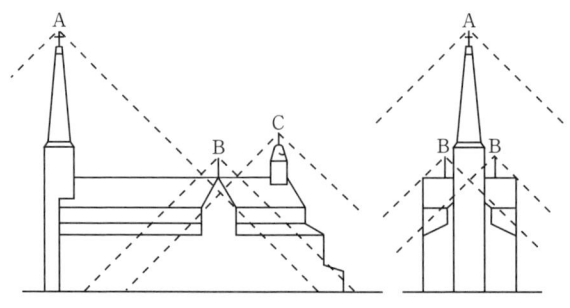

図1.5 セントクロワー教会の避雷針配置図 (1880年頃)

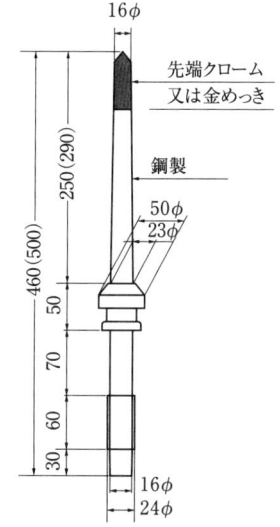

JIS型突針(新型)エースライオン社のもの

図1.6　現用避雷針(突針)の一例

 1752年のフランクリンの凧による雷実証研究により、避雷針の有効性は実証され、彼自身も自宅に設置した。1760年には英国で、1769年にはドイツで最初の避雷針が設置されたが、その普及は必ずしも順調ではなかった。落雷で最も危険度の高いのは火薬庫であるが、1773年のアベビル（Abbeville：仏）、1769年のブレシア（Brescia：伊）、1807年のルクセンブルク（Luxemburg）、1857年のボンベイ（Bombay：インド）などで、避雷針を設置していなかったために落雷で大爆発を起こしている。このようなことからも避雷針の普及には手間取ったことが知られる。

 その理由にはいろいろあった。列挙すれば、天界のことは神の司るもの、人間が勝手に操作すべきものではない、という聖職者たちの反対。初期の避雷針には不適切な構造のものがあり、雷を誘導して、かえって雷害を招いたものがあること。滅多に落ちない雷に対しては避雷針を設置するよりは保険の方が安上がりと考えられたこと、などである。

1.2 日本における避雷針

江戸時代の避雷針

次に、江戸時代を事始めとした我が国の避雷針事情を述べる。

北峯閑人編の『大地震暦年考』(1855年〔安政2年〕)を例にとる。最も素朴な避雷針の例として「農家雷風よけ」の図1.7がある。古来より行われている方法で、先に鎌を付けた竹棒を家の上または軒先に立てるもので、前述の避雷針の要素のうち受雷部しかないが、土埃が竹棒表面に付着し、これが雨に濡れれば、先端放電の漏れ電流くらいならば流せるはずで、その周辺の電界緩和に役立つ。落雷になれば、運が良ければ竹棒表面の漏れ電流が誘いとなり、雷電流が竹棒表面を閃絡（せんらく）(沿面放電)し、湿った大地に流れ込み、母屋を助けるかもしれない。母屋の中には部屋の中央に家人が蹲（うずくま）っているの

素朴な避雷針(江戸時代)

図1.7　農家雷風よけ(『大地震暦年考』1855年)

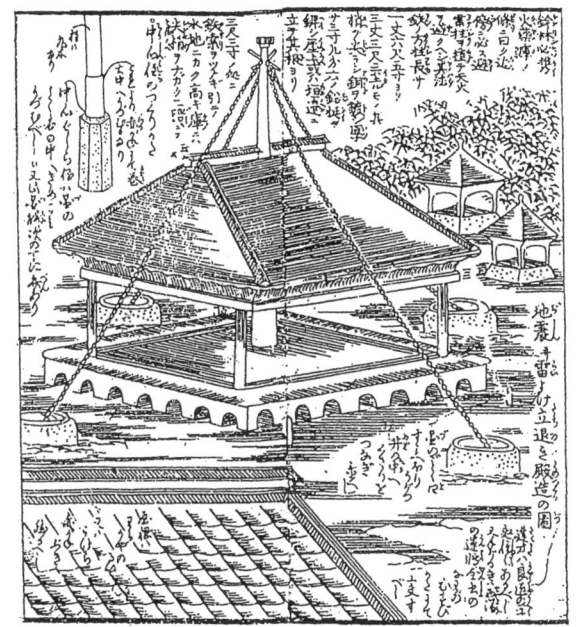

図1.8　地震と雷よけ立ち退き殿造りの図(『大地震暦年考』1855年)

は正解だが、若者たちが農機具を抱いて雷獣捕獲に走って行くのや、鎌が風を切って弱めることも書かれており、この辺になるとお話の段階になってしまう。

同『大地震暦年考』には「地震と雷よけ立ち退き殿造り」の図1.8もある。火薬庫など危険度の高い建物に対するもので、建屋中心に頑丈な芯柱を置く。その先に鉄棒を立て、これから四隅に置かれた井戸に向かって鉄鎖を張る。この構造なら十分な耐震、耐雷構造と考えるが、実際に建設されたものがあったのか、単なる洋書からの引用なのかは不明である。

明治時代初期の避雷針の書

次に、明治に入ってからの文献を探索する。江戸時代に入手する海外情報は漢書、蘭書、またはこれらを介しての洋書に限られていたが、明治に入り、英、仏、米国などの原書から直接海外事情を知ることができるようになった。

明治維新とともに、これらを種本とした啓蒙書が続々と出版されるようになった。この中で避雷針の入ったものに下記がある。

(1) 1868年（明治元年） 小幡篤次郎 『天変地異』
(2) 1869年（明治2年） 細川潤次郎 『新法須知』
(3) 1871年（明治4年） 中神保 『電氣論』
(4) 1873年（明治6年） 明石博高、竹岡支仙 『防雷鍼畧説』
(5) 1878年（明治11年） 深間内基 『電気及磁石（百科全書）』

いずれも西欧書を種本としたもので、似たり寄ったりの記述が多いので、詳しい話は割愛し、当時の事情を知る程度で紹介する。

(1)の『天変地異』とは随分大袈裟な題目だが、1868年に著したということを念頭に置きたい。内容は、神秘なものと取り扱いがちの自然現象も、学術の進歩により明らかになるとの文明開化論から始まり、避雷針の説明に移る。図1.9（a）に示すように先の尖った金属の柱を4尺（1.2m）ばかり高くして立てる。大きな建物には数本必要などの定性的説明にとどまる。(2)の『新法須知』は新技術小辞典のようなものである。蘭書を種本として書かれたもので、避雷針の構造、火薬庫への設置の必要性などが述べられている。(3)の『電氣論』は仏版物理書の抄訳、訳者の序文に「雷といえば悪神の叫びと恐れ、電気の業なるを知らず、避雷柱といえば雷を避ける呪い（まじな）と覚えて、善き導きをなす器械なるを知らず」とあり、当時世界一般の常識はこの程度であることが知られる。この本の避雷柱の説明に図1.9(b)がある。(4)の『防雷鍼畧説』には図1.9 (c) に示す詳細な構造説明図がある。図において甲は4～6尺（1.2～1.8 m）の鉄の柱、下端は親指程度の太さ、上に向かって細くなり、上端には尖った銅棒（乙）を付ける。鉄柱の下端には錫メッキした鉄線（丁）を付け、これを湿地または泉中に入れる。防雷鍼の保護範囲は、高さが100尺（30m）ならばこれを中心に周囲200尺（60m）の距離である。鋭い突針は古い形のもので、建屋に対し独立して建てられているが、もちろん建屋屋上に置くことも可能である。当時としては有用な参考資料だが、実際にどの程度使用されたかは不明である。(5)の『電気及磁石』は英国の有名な百科事典、『チェンバーズ（Chamber's Encyclopaedia）』の中にあるもので、

1章 避雷針

(a)『天変地異』1868年

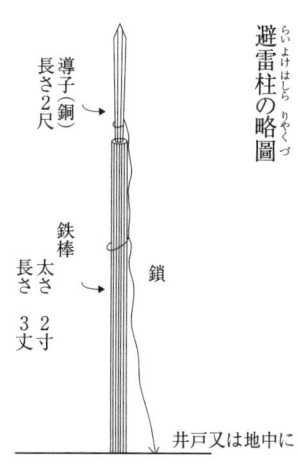
(b)『電氣論』1871年

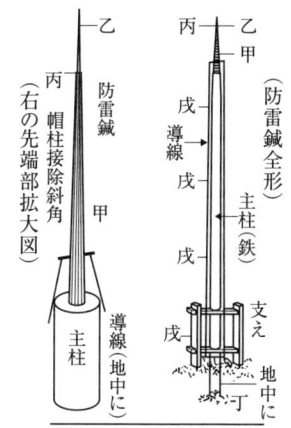
(c)『防雷鍼畧説』1873年

(d)『電気及磁石』1878年

図1.9 明治初期の文献に見られる避雷針

図 1.9（d）が載っている。

明治時代中期の避雷針の書

この頃になると官庁、民間の大型建築物に避雷針は広く設置されるようになり、これに必要な実用性のある関連書が出版されるようになった。その代表例として下記がある。

(1) 1898 年（明治 31 年） 山本健吉 『避雷針建設方法』

(2) 1899 年（明治 32 年） 鳥居菊助 『避雷針叢説』

両書とも、上述の英国、万国避雷針会議報告書に欧米大家たちの諸説を加えて書かれたものである。その内容を略述する。

(1) の山本健吉のものでは避雷針の効用など一般論を述べた後、保護範囲にいれば安全であることは学理上および従来の実験から確かめられているが、

甲種 避雷針代價表

一突針、鐵柱共 壹 組 價金 拾 壹 圓
（突針ハ五本出黃金又ハ白金一匁五分鍍金ノ事）
（鐵柱ハ英國製上等鐵管柱ニテ止金具付長五尺ノ事）
一小突針 壹本 價金貳圓五十錢
（是ハ第二圖ノ式ニ建設スルキ屋上左右ノ）
（兩端及一間每ニ一本ツヽ要スルモノ也）
一地中銅板 壹 枚 價金七圓五十錢
（精良純銅製ニテ總面積十二平方尺余）
一導線 壹尺ニ付 價金貳 拾 貳 錢
（雷導力九十五「ペルセント」ヲ有スル米國製硬引純銅線十二番形十三個撚合ノヿ）
（但是ハ屋上突針ノ位置ヨリ地中板（即チ地下水氣ノ充分ナル面ヨリ三）
（尺下）ニ至ルマデノ總長ト之ニ鐵柱ノ長五尺ヲ加ヘタル丈ケ入用也）
一九個撚合導線 壹尺ニ付 價金拾六錢
（是ハ第二圖ノ式ニテ地中板ヲ二枚）
（用ヒテ建設スル時用フルモノ也）
一接續用錫鑞 壹 基 分
一取附料
一屋上臺
一運賃及荷造賃 實費凡金 壹 圓
以上萬國避雷針會議規定ニ基キタル完全ナル式ノ製造ニ候也

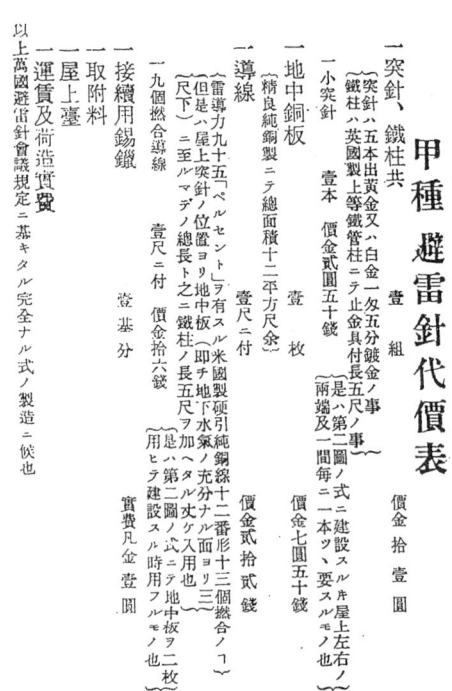

図1.10 『避雷針建設方法』の中の設計例と費用（山本健吉、1898年）

雷害を承知の上で、運を天に任せて避雷針を設置しなかったり、設置費用を惜しんで不完全なものを設置し、他日の災害を招くことのないようにしたいものであると述べている。そこで、現在最も安全なるものとされている万国避雷針会議に基づいた設計例の内容を図 1.10 に示した。その施工費は当時のお金で 49 円とのこと。この中の鉄管は英国製、銅撚り線は米国製、まだまだ日本の工業技術の低さが知られる。

(2) の鳥居菊助のものは図 1.11 に示す通りで、その多くはすでに述べているものなので省略するが、緒言に、「方今諸官衙の建物より民間の諸工場に至るまで、避雷針の必要なところにはほとんど設置された。故に避雷針の必要を説く時代はすでに過去で、今はその構設方法を講ずる秋に至りたり」とある。

このことから明治の中期になれば、避雷針はすでに広く普及していたこと

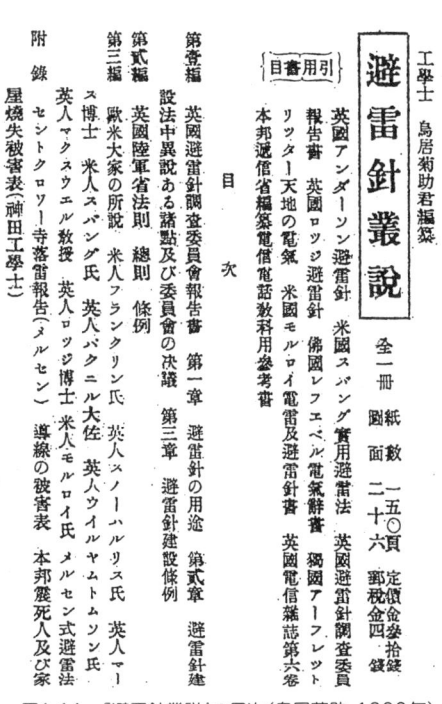

図1.11 『避雷針叢説』の目次(鳥居菊助、1899年)

> **"こぼれ話"　雷獣、雷鳥のこと**
>
> 　後藤梨春（1697～1771）『震雷記』（1767年）によれば、雷霆（いなずま、いかずち）には生類を化育する徳があり、雲上には種々の生類がいる。
> 　1765年（明和2年）相州（現・神奈川）雨降山（大山）に雷雨があり、散じて晴れたとき雲から落ちた一獣があった。猫より大きく、形は鼬（いたち）に似ていた。これを雷獣といい、村民は籠に捕え、東都日本橋に展示したとのこと（図1.7参照）。
> 　加賀の国、白川権現山中に雷という虫がいる。春に多く出るときに雷が多いので、村民は捕り殺した。この虫を好んで食する鳥がいる。これを雷鳥といい鳩より大きく、黒色で、朱冠を持つ。

がわかる。ただ、その施工方法は、まだまだ不備のものがあったことが知られる。

現行の避雷針
・建築物等の雷保護　JIS規格A 4201

　雷関連規格には電力、通信のものもあるが、ここでは建築物に限定して述べる。JIS規格の制定は1952年（昭和27年）から始まり、何回かの改正を経てJIS規格A 4201が制定された。今回のものはIEC規格に整合し、LTC社会（高度情報化社会）の雷保護に対応する性能規格として2003年7月30日に改正されたものである。前の1992年版について注記があり、2003年版に規定された外部雷保護システムに適合するとみなすとあり、この両規格に基づいて避雷針は設置されることになる。

　なお、IEC規格とJIS規格の簡略な説明を以下に記しておく。

　IEC規格：International Electrotechnical Commission（国際電気標準会議）が制定する国際規格。

　JIS規格：Japanese Industrial Standards（日本工業規格）、我が国の工業標準化の促進を目的とする工業標準化法（1949年〔昭和24年〕）に基づき制定された国家規格。

　現JIS規格A 4201：2003は解説を含めて35ページにわたり、改正の経緯、適用範囲と目的、使用術語の定義、保護範囲、使用材料と寸法、施工方法な

どが詳細に述べられているが、本書では常識的に必要な程度の紹介になるので、実務には JIS 本文を参照されたい。

　建築基準法第 33 条により建築物の高さ 20m を超えるものは有効な避雷装置を設けなければならないとされている。

　雷保護対象は外部と内部とに分けられ、外部は受雷した雷電流を地中に流し、建築物を守ることで、内部は被保護物（建屋）内に対し雷電流の電磁的影響を低減させることである。

　外部保護は次の (1)、(2)、(3) の 3 つで構成される。

(1) 受電部は次の (a)、(b)、(c) の 3 つの要素、またはその組み合わせからなる。

　　(a) 突針　直径 12mm 以上の銅棒、アルミニウム棒、鋼棒で、その機械的強度は建築基準法に適合するもの。ただし、具体的構造は示されていない。

　　(b) 水平導線　棟、屋根に張り回した水平の導線など。これは受電部とみなされる。

　　(c) メッシュ導体　高層ビルで側壁部分の雷保護に対し、後述の回転球体法が適用できない場合に導体を側壁に沿って垂れ下げるなど。

(2) 引き下げ導線　2 条 (2 本) 以上、設置間隔は JIS 1992 年版では 50m 以内、新 JIS 2003 年版では保護レベルに応じ平均 10 ～ 25m としている。

(3) 接地電極　引き下げ導線 1 条 (1 本) あたり 1 個を接続、厚さは 1.4mm 以上、面積 $0.35m^2$ 以上の銅板、総合接地抵抗は 10 Ω以下、各引き下げ導線単独では 50 Ω以下としている。

　外部雷保護範囲としては従来の保護角法の一般建築物では 60 度、官庁建屋、公共建屋、火薬庫などの重要建築物では 45 度となっているが、建屋の高さの考慮がなされていないなど十分な保護が期待できないことから、次の方法を個別または組み合わせで使用することになった。

(a) 保護角法

(b) 回転球体法[1]

(c) メッシュ法

この適用にあたっては表1.1を使用すること。表1.1に示すように、建屋の重要度に応じ決められている。ただし、高さ60m以上の建屋について現在未決定である。αが保護角で、避雷針の保護角は保護する構造物が高くなるほど狭くなっていく。高さ60m以上の建物になると避雷針では受雷できないからである。保護角の考え方については、本書10ページに述べているので参照されたい。

保護角法に適合した建屋でも、高い建屋では側壁に落雷することがある。この保護に導入されたのが新しい考え方の回転球体法である。落雷時には

表1.1 JIS A 4201規格による雷保護範囲

保護レベル	回転球体法 R (m)	保護角法 h (m)					メッシュ法幅 (m)
		α=20	α=30	α=45	α=60	α=60超過	
I	20	25	*	*	*	*	5
II	30	35	25	*	*	*	10
III	45	45	35	25	*	*	15
IV	60	55	45	35	25	*	20

＊回転球体法及びメッシュ法だけを適用する。

1. Rは、回転球体法の球体半径。
2. hは、地表面から受雷部の上端までの高さとする。ただし、陸屋根の部分においては、hを陸屋根から受雷部の上端までの高さとすることができる。

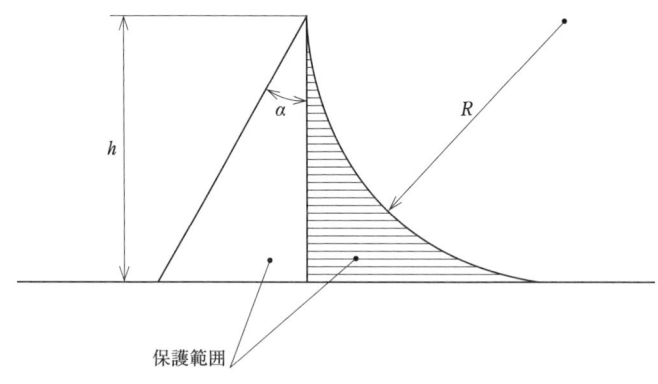

保護範囲

1 2つ以上の受雷部に同時に接するように、また1つ以上の受雷部と大地に同時に接するように球体を回転させたときに、球体表面の包絡面から被保護物側を保護範囲とする方法である。なお、雷撃距離の論理に基づく回転球体法を主体に採用し、これらと等価な保護角法およびメッシュ法が規定された（JIS A 4201 建築物等の雷保護より）。

雲から先行放電が先導役となって地上に向かう、その先端を中心とした半径Rの球を空間に描くと、その球内領域が落雷の範囲にあるという考えである。保護範囲を具体的に示すと2つ以上の受雷部に同時に接する、または受雷部と大地に同時に接する球体を回転させたときに球体表面から外を被保護側とし保護範囲とするもので、Rは建屋の重要度で決まる表1.1の値を使用する。図1.12はその具体例を示したものでSは保護範囲に入る。

　導体メッシュで囲まれた空間内は電界がない。これを利用したのがメッシュ法で、上記のような空間内にいれば雷撃があっても安全である。鉄筋、鉄骨コンクリート造建築物は鉄筋、鉄骨組みが溶接などで電気的に導通状態にあれば全体的には建屋を包むメッシュ状態にあるとみなすことができるので、メッシュ法が適用できる。

　内部保護だが、大きな雷電流が流れれば被保護（建屋）内の人、物に電磁的影響が及ぼされることとなり、これを和らげる必要がある。引き下げ導線を2条以上にするのは、同方向に流れる電流は相互に磁界を弱めることになるからである。また、同一建屋内でも接地状況その他の理由で、比較的近い

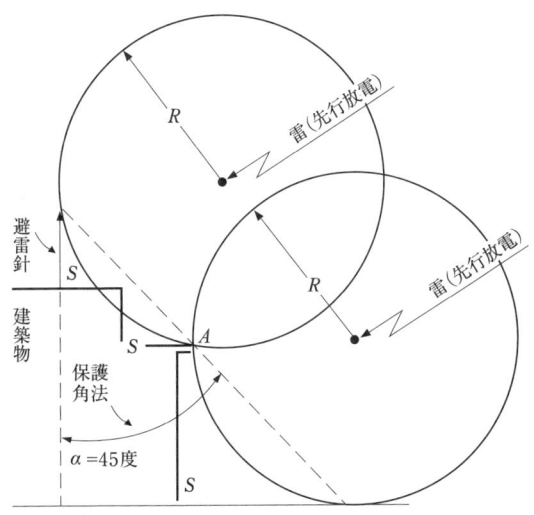

保護角法と回転球体法

図1.12　雷保護範囲例

異なる場所の2点に電位の差が発生することが予想される場合には、その間を導体で接続する（ボンド、bond）ことは有効で、これがボンディング用導体(Bonding Conductor)[2]の使用である。これは保護ボンディング導体あるいは等電位ボンディング導体と呼ばれ、建屋内でのアース（接地）電位をすべて同じにすることで、接地の等電位化と呼ばれている。

　以上に、避雷針発展の経緯から現用までを述べたが、適格でない避雷針は雷害を招くこともあり、実際の施工は経験のある専門家の指導を受けることが望まれる。

2　離れた設備部分間を等電位にするために用いる接地用導体のこと。

2章 雷害対策

2.1 雷の種類と特徴

　雷の被害は古代から数多く発生し、またその対策もとられてきた。しかし最近では、家電製品やパソコンなどの電子基板が破壊されるといった、雷による新しい被害もしばしば発生している。
　ここでは、雷害に焦点をあて述べるが、それに先立ち、まず、雷の種類と特徴から話を始める。

直撃雷と誘導雷

　落雷による被害は、大きく「直撃雷」による被害と「誘導雷」による被害に分類される。
　直撃雷はその名前の通り、電気設備、人体、その他の物体などに雷撃が直撃することをいう。序章でも述べたが、直撃雷を受けた場合の被害をゼロにすることはまず不可能であるといわれている。直撃雷はその威力はすさまじいもので、大木をなぎ倒したり、真二つに引き裂いたりすることもある。人体に落雷した場合、死亡率は70％以上ともいわれている。発電所や受変電設備、電気機器への直撃雷の保護は避雷器や避雷針によることになるが、いかに対象物に直撃しないようにするかを検討することが必要である。日本国内の落雷では、電圧は数百万V、電流は1000～2万A程度が多いとされている。特にエネルギーが大きい場合、1億Vの雷、あるいは、20万Aを超えるような放電電流の雷が観測されたと話題になったこともあるが、このような数値となるのはまれである。
　これに対し、誘導雷は落雷した付近、周辺で、雷電流により誘導された誘

導電流が影響を及ぼす現象で、雷撃の直撃ではなく、近くに落雷が発生した際に拡散するエネルギーによって大きな誘導電流が生じ、電磁界が大きく乱されることにより発生するものである。誘導雷による被害は、誘導雷によって近くに敷設されている電線やケーブル、電気機器に対して誘導電流が生じ、異常電圧が発生して機器の損傷、焼損を及ぼし生じるというものである。電気機器を保護する手段も数多く提案、実施されてきている。それにもかかわらず、近年、家電製品やパソコンが落雷で壊れたとか、停止したなどの事例も多く報告されている。さらに、コンセントに接続しているだけで、使用していないのに、あるいは、直接落雷を受けたわけではないのに、エアコンや、テレビ、パソコンなどの電子機器（電子基板）が、近辺への落雷により破壊されたという事故も数多く報告されている。室内において、パソコンや電話が雷で壊れたという事故は、ほとんどがこのような誘導雷による異常電圧や誘導電流によるものである。特に、配電線やテレビアンテナなどに誘導雷が侵入した場合、その電線を通じて高電圧の雷サージ電圧が発生する。さらに、この非常に急峻なサージ電圧は電線を通じて大地に流れようとするが、その電流経路は電気機器のケースや接地線を流れようとし、その際、大電流の火花が飛び散るようなアーク放電を起こし、電子部品などを破壊することがある。この電圧は通常時に使用している電圧より非常に高く、電源コンセントや電話機、インターネットの通信線などからも侵入する。電源スイッチをオフにしていても効果がなく、電源コンセントや同軸ケーブルを電気機器から外しておくのが望ましい。

側撃雷

直撃雷の周辺で起こる枝分かれの放電を側撃雷という。雷の主放電路から分かれて放電する放電路による雷撃の場合と、樹木などに落雷し付近の人や物に再放電する場合とがある。どちらも側撃雷と呼ぶが、特に後者の樹木などに落雷した後、近くのものに落雷する側撃雷では、木のそばにいると側撃雷に遭う恐れが高く危険である。高い樹木は雷が落ちやすい上、樹木に落雷した場合、樹木を通って地面へ放電が進展しようとするが、樹木の近くにい

ると、樹木から放電が枝分かれして人の方へ放電し、側撃を受けてしまうことがある。雷の放電自体が枝分かれしやすいことと、樹木より人体の方が電気を通しやすいことの両方が原因である。

夏季雷と冬季雷

落雷には季節的な特徴があり、気象庁でも、「雷検知数の季節的特徴」という情報を公開している。

図2.1 に示すように、日本では、夏の雷は全国的に発生するが、冬の雷は日本海沿岸などの限られた場所に発生する。

また、図2.2 は時刻ごとの対地放電、落雷を検知した回数を、夏（6～8月）は全国的に集計したものと、冬（12～2月）は東北から北陸地方にかけての日本海側を集計したものを、比較して示したものである。夏の雷は8月が最も多く、冬の12～2月の雷の約100倍となっている。夏は午後から夕方にかけて明瞭なピークを持つのに対し、冬は昼夜を問わず雷が発生し、時刻による雷の発生ピークがはっきりしないのが明確に見てとれる。これは、夏の雷と冬の日本海側の雷では、発生するメカニズムが異なるためである。夏は、日中の強い日射によって暖められた地面付近の空気が上昇し、背の高い積乱

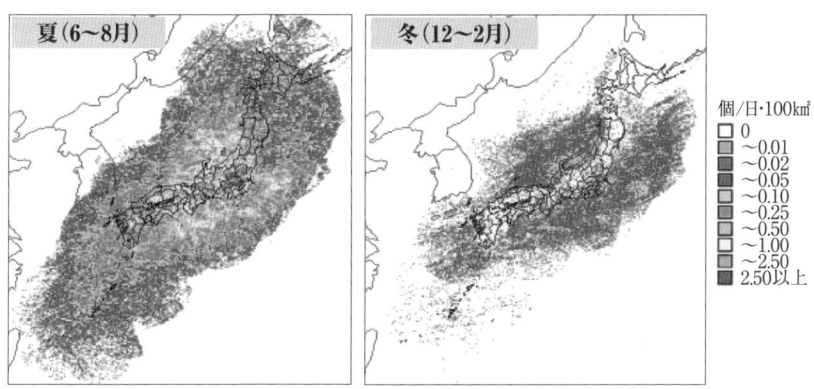

2006～2008年の対地放電を10km格子ごとに集計（単位は1日あたりの検知数）

図2.1　夏と冬の対地放電（落雷）検知分布

（気象庁HP　http://www.jma.go.jp/jma/kishou/know/toppuu/thunder1-3.html）

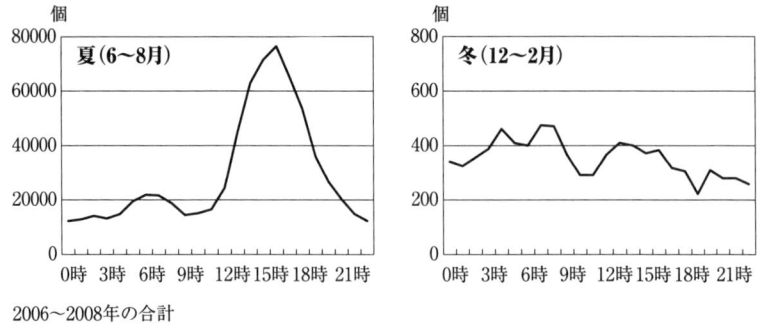

図2.2　時刻ごとの対地放電(落雷)検知数
(気象庁HP　URLは図2.1に同じ)

雲となって雷を発生させるから午後から夕方にかけて雷の発生が多くなるのである。冬の雷は、日本海側で、シベリアからの寒気と対馬暖流からの水蒸気が日本海沿岸の山岳地帯でぶつかり合い、上昇気流が発生しこれが雷雲となる。しかも夏の雷は広範囲に発生し、長時間継続するといった特徴がある。

　冬は対地放電と雲間放電(雲と雲の間で放電する)の発生比率がほぼ同じで、1対1程度であるが、夏は対地放電に対し雲間放電が5倍程度と雲間放電の発生比率が多くなっている。これは冬の雷の方が落ちやすいともいえる。日本海沿岸の冬の雷は、夏の雷に比べて放電の数は少ないものの、1回あたりの雷の電荷量は大きくエネルギーも大きいので、落雷すると被害も大きくなるという特徴がある。冬季雷は夏季雷より高度が低く、横に広がったように数kmにわたりたちこめ、広範囲に影響を及ぼすことも特徴である。

　図2.3に夏の雷と冬の雷の雷雲のでき方と電荷分布の違いを示す。夏の雷雲は積乱雲(入道雲)と呼ばれ、上昇気流に乗って高度も高く、上空まで縦長に伸びる雲である。下部には負極性の電荷が、上部には正極性の電荷が分布している。これに対し、冬の雷雲は高度も低く、特に、日本海側で、シベリア寒気団によって横に広がり、正の電荷と負の電荷が横に広がっている。このような雷雲の特徴から、夏季雷は図2.4のように、雷雲から、地上に向かって下向きに伸びるリーダと呼ばれる雷となることが多い。これに対し、

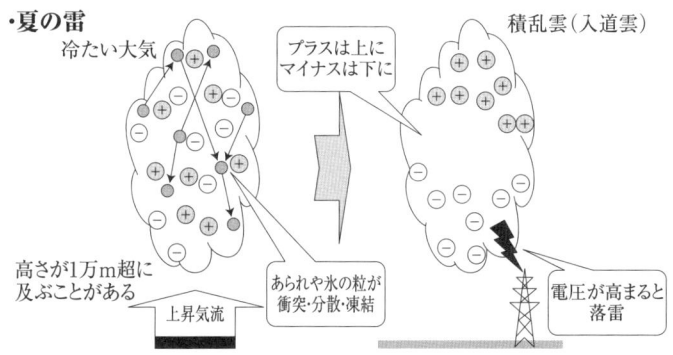

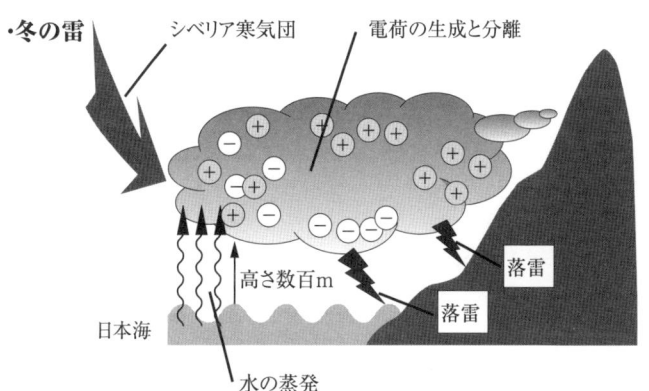

図2.3　夏と冬の雷雲のでき方と電荷分布の違い
（乾昭文・川口芳弘・山本充義『新電気電子工学』(2010)技報堂出版、p.165）

図 2.4　夏と冬の雷の違い
（耐震技術ワーキンググループ(1989)「冬季雷による架空電線事故の防止」電力中央研究所総合報告 T11）

冬季雷は、雷雲が近づいたとき、高い建物や木などから上向きに伸びる、「上向きリーダ」となることが多い。「お迎え放電」と呼ばれることもある。

2.2 雷害事例と避雷対策―雷の種類による分類

生体内に電流が流れることによって発生する損傷を総称して電撃傷と呼ぶ。電撃傷の中でも、特に、「雷に打たれる」といわれるほどの雷撃傷の特徴は次の通りである[1]。

(1) 死亡の場合、大部分は即死である。
(2) 生存者の場合の大部分は速やかに治癒回復し、後遺症が残ることはまれである。
(3) 頭部通電による意識障害は数分〜二十数時間に及ぶことがある。
(4) 電撃傷（電紋）がしばしば認められ、熱傷は表層性である。肉眼的な電流斑・筋肉壊死・進行性壊死はまれである。
(5) 受傷後早期の低カリウム血症（低K血症）がしばしば長引き、なかなか治らない。
(6) 神経痛がなかなか治らない。
(7) 1度の落雷で多人数が受傷することがある。

頻度はアメリカでは1958年から1994年までの36年間で3239名の死亡例が報告されており、雷に打たれた10人に1人が死亡すると考えられている[2]。

このような、人への雷撃事例とその避雷対策、ならびに、電気設備をはじめ建物などの各種構造物に対する雷害事例と避雷対策についてまとめる。

落雷による傷害には、直撃雷による傷害、落雷を受けた物体からの側撃雷による傷害、歩幅電圧傷害、配電線や金属管を伝わる雷電流による誘導雷による傷害、多重雷による傷害の5つがあるとされる[3]。雷の種類の違いによ

---

1 大橋正次郎・露木晃（2003）「電撃傷・雷撃傷」『救急医』第27巻、pp.115-7。
2 Price, T. G. & Cooper, M.A. (2005) Electrical and Lightning Injuries. ; Marx, J. & Hockberger, R. & Walls, R. *Rosen's Emergency Medicine*, Vol. 3, 6th ed, ELSEVIER, Mosby, pp.2267-78.
3 日本大気電気学会編（2001）『雷から身を守るには（改訂版）』日本大気電気学会（大阪）。

り生じる傷害例を以下に実例で説明する。この他に、雷の電流による傷害ではなく、風圧によって鼓膜破裂や骨折などの傷害が起きることもある。

直撃雷による傷害と対策

　直撃雷を電気設備が受けた場合、瞬間的に絶縁が破壊され、電気設備は破損、または焼損する。建物や構造物、樹木などに落雷した場合、破損するとともに、焼損、火事等を引き起こすこともある。落雷が人体を直撃した場合は、過大な電圧と電流によるショック症状や、電流が心臓を流れることによって起こる心室細動（心室が小刻みに震えて全身に血液を送ることができなくなる）による死亡事故につながる恐れが大である。直撃雷に対する電気設備の保護として、電気機器の絶縁性能を高めることでは対応できず、雷を他の場所に誘導する手段、設備として、避雷器、避雷針といった避雷装置を別に設け、いかに安全に雷を大地に逃がすかということが課題になる。

　昨今では、市街地で人や建物などの構造物が直撃雷を受けるという事例はきわめて少なくなっている。避雷針などの適切な配置によるものと思われる。直撃雷が死亡事故や重傷事故につながる事例は、ゴルフ場で多く見られる。ゴルフ場のような、上空、周囲が開けている場所で、ゴルフクラブを振りかざすという行為、また、雷雲が近づいてきてもすぐに建物の中に避難しないということにも起因しているようである。ゴルフクラブを振りかざすことや、傘をさすことは落雷しやすい状態を作ることであり、雷が近づいたらこれらにかかわらず、棒状のものを決して高く振りかざしてはいけない。傘は危ないと認識するのが重要である。

　また、海や山での直撃雷による被害事例も多くなっている。雨や海水に濡れれば、人自体が金属と同じように電気を通しやすい避雷針になっているようなもので、雷を呼び込んでいることになる。身をかがめ、できるだけ早く部屋の中に入ること、海の家や山小屋などに逃げ込むことが重要である。小さな金属製の指輪、ヘアピンなどの身に着けている装飾品などは雷を引き付けるなどの影響はあまりなく、こういった小さな金属品を気にするよりは、まず身を低くかがめ、速やかに建物の中に避難するのが良い。

車の中は安全で雷が近づいたときは慌てて外に出ない方が良い。むしろ車の中へ避難するのが良い。車の中に入っているということは金属製の箱の中に入っていることになる。金属導体に囲まれているので、雷が車に落ちても雷は車のボディーからタイヤを通して地面へ逃げてしまい、車の中にいる人間は安全である。このような役目を果たす金属製の籠に入る効果を「ファラデーケージ効果（Faraday Cage Effect）」と呼び、ファラデーケージ内の物体には電気はかからない。ただし、窓から手を出してボディーを触るなど金属体部分には触れてはいけない。

側撃雷による傷害と対策
　2006年4月25日、東京都奥多摩町本仁田山（ほにた）（1225m）の尾根沿い、約920mの地点で、木に落ちた雷による側撃雷で男性と女性が雷撃傷に遭い、男性は死亡し、女性は電撃傷（電紋）が残ったが助かった。事故の経緯は次のとおりである。2人で登山中に雹が降り出した。周囲は灌木が茂っている場所だが1本の大木があった。その周辺数m四方は広場になっていたので、そこで休憩することにした。大木に近い場所にいた男性に女性が近寄ったときに雷撃があり、2人は同時に雷による側撃雷を受けた。
　それを別の登山グループが発見し、救急要請したというものである。なお、大木が裂けており、大木に直撃雷があったことを示している。
　救急要請を受けて、患者2人はヘリコプターで救命救急センターへ運ばれた。男性は心肺停止状態であり、背部、下肢を中心に電紋が認められた（図2.5、図2.6）。電紋は、人体の表面に沿って火花放電（沿面放電）が起きたときに生じる熱傷であり、この放電は樹枝状に進展する。男性には心臓マッサージなどが行われたが、病院到着から34分後に死亡が確認された。女性の方は、来院時は意識清明、胸部、背部には電紋は認められず、右臀部、下肢に電紋および熱傷が認められた（図2.7〜図2.9）。その後の処置で、7日後には後遺症なく無事、独歩で退院した。
　男性には体幹部では、頭部もしくは左肩のあたりから体幹部へ向かう樹枝状の電紋が認められ、また左下肢から体幹部へ向かう電紋が認められた（図

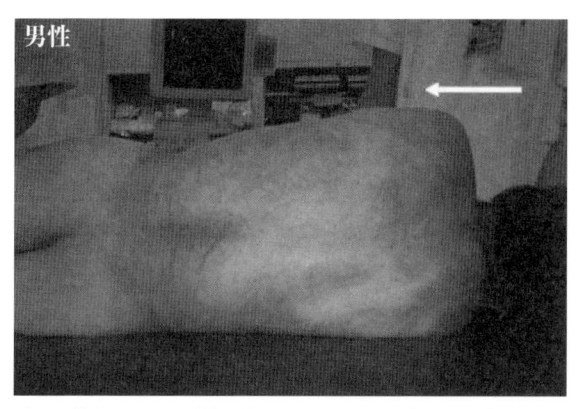

肩から背中にかけて電紋が見られる。頭部から矢印の方向へ、放電が肩から背中の部分へ飛び移り、背中部分を電流が流れたと思われる。

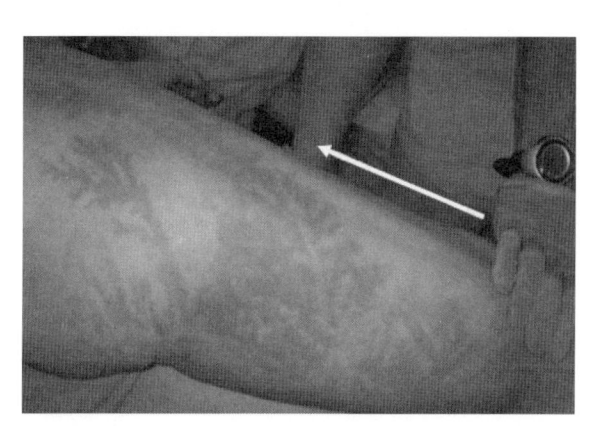

図 2.5　背部の電紋（男性）

下肢には地面の足元から臀部へ、矢印の方向へ電流が流れたものと思われる。

図 2.6　下肢の電紋（男性）

2.6）。これは、図 2.10 に示すように男性の立っていた側の木に雷が落ち、木の幹に沿って進展した雷が、途中から枝分かれし、側撃雷として近くにいたこの男性の頭部、もしくは肩部に飛び移って背部を通って進展したと考えられる。さらに、地面から左下肢を通って体の上部の方へ、いわゆる「お迎え放電」も発生し、電流が流れたものと思われた。図 2.6 に示すように、足に

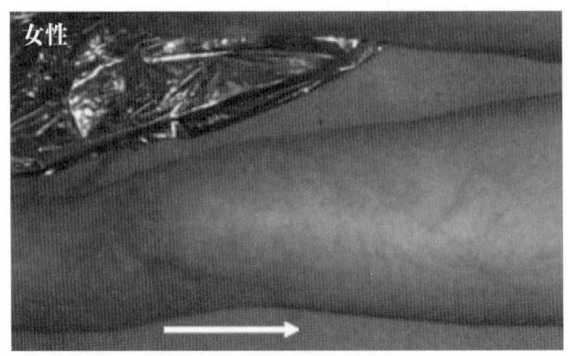

下肢に下部から上部へ広がる電紋が認められる。
図2.7　下肢の電紋（女性）

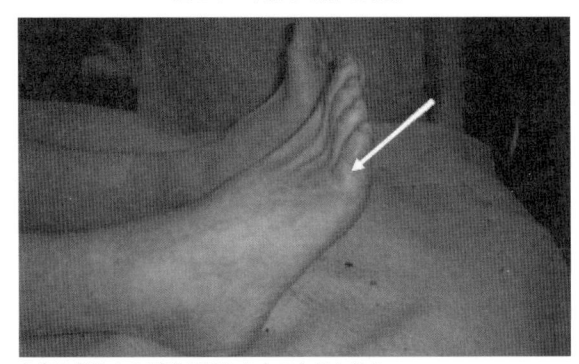

矢印の部分から電流が流れたものと思われる。
図2.8　右下肢の電紋（女性）

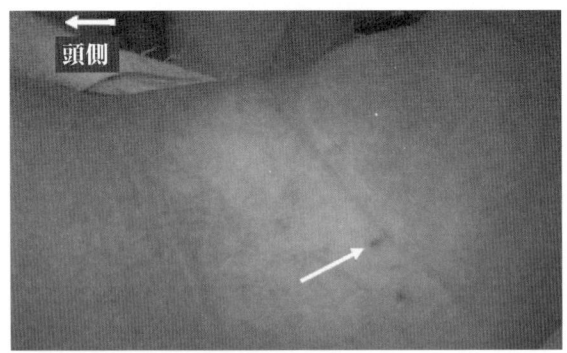

矢印の部分、女性の右臀部の電紋の位置とズボンの右ポケットに入っていた携帯電話の場所が一致する。
図2.9　右臀部の電紋（女性）
（図2.5～2.9：臼元洋介・一二三亨・霧生信明・井上潤一・加藤宏・本間正人・乾昭文（2008）「側撃雷が生死を分けた雷撃傷の2例」『JJAAM』第19巻第3号別刷、pp.174-9）

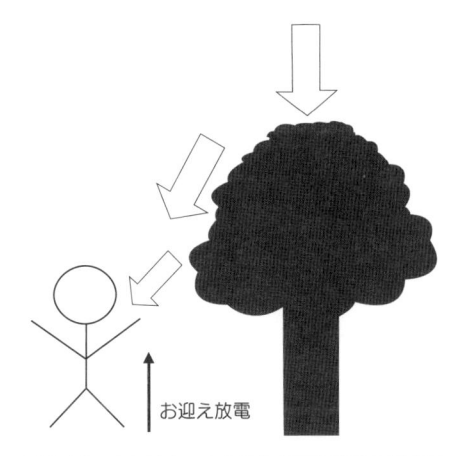

図 2.10　木から人への放電とお迎え放電の模式図

は下部から上部へ広がる樹枝状の電紋が認められる。この放電の様子は模式的に示すと、図 2.6 に示すようなものであったと考えられる。この男性の場合、木に落ちた雷が側撃雷で男性の方へ進展するとともに、地面からもお迎え放電が発生し、男性の体でつながって死に至ったものと考えられる。

　一方、女性の方は、両下肢ともに下肢から体幹部へ向かう樹枝状の電紋が認められ、ズボンの右ポケットに入っていた携帯電話の位置に一致して下着には焦げ跡が、右臀部には熱傷が認められた（図 2.9）。女性の体の上半身の胸部、背部には雷撃による電紋はなく、電紋は足元から伸びていた。電紋から考えると、雷が直接上部から女性を襲ったのではなく、地面からのお迎え放電が起き、地面から女性の体に流れた電流は、ズボンの右ポケットに入っていた携帯電話の金属部分に達して大気中に放電して止まり、一命を取り留めたものと考えられる。

　側撃雷とは、高い物体に落雷があった際に、その物体から近くにある物体へと雷が飛び移る現象であり、このため、高い建物のそばから 4m は離れる

ように日本大気電気学会では勧めている[4]。また、樹木の場合には木の幹や枝から雷が飛び移ることがあるため、木の高さに関係なく、木から離れることが勧められている。上記の症例では、木の表面を這った沿面放電は特に人間に飛び移りやすいことを示している。さらに、生死を分けた2人の症例から、女性より木に近い場所にいた男性には頭部付近へ側撃雷が生じ、女性には側撃雷が生じなかったこと、また女性には地面からのお迎え放電が女性の身体へ足元から進展したものの、ズボン右ポケットの携帯電話へ抜けて、上半身には電流が流れなかったという幸運に恵まれたことが考えられている[5]。

　上述のように、側撃雷を避けるには、木からできるだけ離れること、そして、身を低くし、体を丸くして、つま先立ちでかがむようにして、雷が遠ざかるのを待つことが重要である。

歩幅電圧傷害と対策

　電柱や配電線に落雷した場合、電柱の接地線を伝わって地面に広がった雷撃電流が流れるため、人の歩幅程度でも大きな電位差が発生する場合がある。これを「歩幅電圧」というが、この歩幅電圧により足元から感電を引き起こすことがある。落雷による雷の電流はきわめて大きいため、人の歩幅という小さな距離でも数百Vの電位差が発生し、これに感電することもあるのである。また、これを避けるため、地面に突っ伏すことも良くない。顔からつま先にかけて全身で感電する恐れがある。なるべく歩幅を狭くし、足はつま先立ちにして地面との接触面積を小さくし、体を丸くしてしゃがむこと、そして、雷の合間に建物や車の中に逃げ込むことを心がける。

誘導雷による傷害と対策

　建物の中にいる人や物でも、雷が送電線や付近の電柱に落ちた場合、雷の

4　注3に同じ。
5　白元洋介・一二三亨・霧生信明・井上潤一・加藤宏・本間正人・乾昭文（2008）「側撃雷が生死を分けた雷撃傷の2例」『JJAAM』第19巻第3号別刷、pp.174-9。

電流が配電線を経由して建物の中に侵入したり、接地線から大地へ流れようとして放電が生じ、サージ電圧が発生したりすることがある。このサージ電圧のために、部屋の中の電子機器やパソコンなどが絶縁破壊したり、フリーズ（急に停止）したりすることがある。このような誘導雷による被害はここ数年、電子機器の普及につれ、ますます多くなってきていて、パソコンなどの電子機器のプリント基板が焼損するなどの被害も報告されている。

　誘導雷の最も有効な対策は、雷鳴が聞こえたら、電子機器やパソコンなどの電源ケーブルや通信ケーブル、テレビなどではアンテナ線（同軸ケーブル）を外すことである。しかし、情報社会の昨今、電源ケーブルや通信ケーブルをすぐに外すことが困難なときも多い。このような場合を想定し、避雷器などの保護装置を電子機器の手前に挿入することが有効な保護手段である。また、住宅の分電盤内に避雷器を内蔵することも有効である。

　誘導雷で異常電圧による機器の破損、損傷は「電位差」が生じることによって起こる。したがって電位が上昇した場合にも、雷撃の経路全体が電位上昇して電位差が発生しないようにする保護方法を「等電位化」という。ただし、この「等電位化」を考える場合、設備関係の機器だけではなく、建物の建築構造、仕上げ材などを含めてすべての電位を統一しなければならない。ガスや水道の引き込み管なども含めて金属部分があればすべて接地線を接続し、電位を等しくするように施工する。基本的には、建物の建築段階で考慮して施工すべき内容である。従来から、病院などでの接地方式として利用されている方法であり、患者が微弱な電流によるショックを受けないように、患者が触れる可能性があるベッド、電気機器などをすべて接地線で接続し、等電位化し、電位が限りなくゼロに近づくようにするという方法である。

多重雷による傷害と対策

　雷放電は1回の雷撃で終わるものとは限らず、数回の雷撃を繰り返す雷撃や、途中から枝分かれしたり、同時に複数の雷撃が発生したりする雷撃が生じる。これらを総称して多重雷という。登山、ハイキングなど、またゴルフ場でプレーしているときなどでは、1度の雷撃で多くの人が同時に雷に打た

れるという多重雷が発生する。また、硬い岩盤、コンクリートや硬い地面、運動場などは水が溜まり、導電性となる。この上に人が立っていれば、あたかも接地電極面上に尖った人柱が林立しているようなものである。雷雲が近づき、まず雷雲下部から大地に向かって先駆放電が起これば、人々の頭からお迎えに行くような帰還放電（主放電）が起こり、多数の人々が同時に雷災を受けることになる。このような傷害も多重雷による被害である（77～79ページ参照）。

　このような事例は非常に多くあり、そのいくつかを紹介する[6]。

　登山・ハイキング・キャンプなどでは、山頂付近で落雷があり、複数人が同時に雷撃に遭い負傷することが多々ある。2012年5月6日には、長野県松本市の槍ヶ岳山頂で3人のパーティーが下山中、落雷に遭い、3人とも負傷した。また、同年、数日後、5月28日には群馬県片品村尾瀬ヶ原の山小屋付近に落雷があり、歩行中の1人が死亡、1人が負傷という傷害事例もあった。これらの事例は、1度の雷撃で被害に遭ったのか、少しの時間差で雷撃に遭ったのかは定かではないが、多重雷の一例である。

　また、同じく登山中の事例であるが、2011年11月5日、中国、貴州省の奇岩の名勝地である梵浄山で、塔状の岩山である金頂に落雷し、観光客らが34人も同時に負傷するという事例も報告されている。硬い岩盤の上で地面の上を電流が流れやすくなっていたのか、雷撃により、地面を伝わっての電流による感電によって負傷した可能性が高い。もちろん、接地側である岩盤からのお迎え放電があった可能性もある。

　この他にも、内外問わず、登山中、またハイキングやキャンプ中、特に急な雷雨での多重雷の被害が数多く報告されている。多くは山頂付近や、切通し部などでの急な雷雨というものが多い。

　身近な公園での雷撃被害もある。2005年7月7日、午後7時頃、神奈川県藤沢市の桜小路公園で、2人が倒れているのを通行人が見つけ、2人は病院に搬送されたが死亡が確認された。この日は同日午後8時頃まで神奈川県

6　36～38ページの事故例はあおば屋HP（http://www.aobaya.jp/rakuraijiko.html）による。

全域に雷注意報が発令されていた。高さ20mの松の大木に落雷、犬の散歩中、木のそばで雨宿りしていた2人が死亡したというものである。

ゴルフ場での雷撃による事故例も多い。雷雨が来てもすぐにプレーをやめないということも一因である。広い場所で、クラブを振りかざしたところに落雷する例や、傘をさして移動中に落雷する例が数多く報告されている。多重雷の事例では、2007年、アメリカ、コロラド州のゴルフ場で、冬の落雷が発生し、直撃と、大地（岩盤）を伝わっての感電で、19名の死亡事故が発生したことも報告されている。2010年7月には、北海道奈井江町で、4人でゴルフプレー中、雨が降り出した後、突然落雷し3人が負傷した。他にもゴルファーやキャディーへの落雷発生事例が、日本でも北海道から九州まで、毎年のように残されている。

また、1997年9月、茨城県桜川村（現・稲敷市）のゴルフ場で、中学校教員のグループがプレー中に雷雨に遭い、高さ十数mの松の木の下で雨宿りの最中、木に落雷し、松の木から1m程度の距離にいたゴルファー2人とキャディー1人が死亡、さらに2人が負傷したという。多重雷であり、側撃雷による事故例として報告されている。

雷鳴が聞こえてきたとき、雷雲が近づいてきたときは、できるだけ早く中止し、建物の中に避難することが望ましい。間に合わず雷撃が来たときは、身を低くし、体を丸くして、つま先立ちでかがむようにして、雷が遠ざかるのを待つことが重要である。

2.3 雷害事例と避雷対策—場所、物などによる分類

雷の種類の違いによる傷害例を紹介してきたが、次に、落雷を受ける場所と物などの違いによる傷害例を説明する。

海、海水浴、川、湖沼などでの落雷と対策

夏、海水浴や川遊びなど、水際での落雷事故も報告されている。特に、海水浴場などでは1度に多数の死亡事例が見られることがある。

2005年7月31日午後0時、千葉県白子町、九十九里浜で、千葉県の海水浴場では雷注意報発令により遊泳注意、浅い場所では遊泳可、という状況の中、急に土砂降りの雨になり波打ち際に落雷した。雷は2度連続して落ち、男女4人が意識を失い倒れ、その近くの砂浜上にいた雨に濡れた他の4人も下半身にしびれを感じ、さらに約70m離れた波打ち際にいたライフセーバーの上半身にも同時に落雷した。1人が死亡し、8人が負傷するという事例であった。翌日の朝刊各新聞紙上では、落雷により3人重体、6人軽傷という見出しが飛び交った。心肺停止した3人のうち1人は海水浴客の中にいた医師、看護師と海水浴場監視員（ライフセーバー）の心肺蘇生処置により、病院搬送前に意識を回復した。他の2人も病院で蘇生し、1人は意識も回復したが、もう1人は翌日死亡した。落雷を目撃した海の家の経営者の話では、「波打ち際から5mくらい先の海中にまっすぐに白い光が落ちた。海中に落ちて人が倒れたように見えた。海の家は自分が3代目で40年やっているが、昼間に海に落ちたのは初めてだ」ということだった。
　海水浴だけに限らず、2005年4月には福岡県志摩町（現・糸島市）で、サーフィン大会が悪天候で中止された夕刻、海岸から約20m沖合に落雷した。雷鳴の中、まだ海上にいたサーファー5人が負傷し、1人が数日後死亡した。負傷した4人のうち1人は、体がしびれて溺れしかも大量の海水を飲んで重傷であった。1987年に高知県でもほぼ同様の事故が発生している。
　川や海での釣りやキャンプでの落雷事例も多い。いくつか例示すると、1980年6月には三重県伊勢市、伊勢港で漁船に落雷し、1人死亡、1人負傷。1981年7月には、東京都秋川市の渓谷でキャンプ中、落雷で1人死亡、2人負傷。1984年7月には秋田県大潟村で、川の用水路で釣竿に落雷し、1人負傷など数多くの報告例がある。
　上記例のような釣りも含め、特に、海での雷対策としては次のような対策をとることが重要である。
　・まず、しゃがむ。
　・砂浜付近の場合、車や建物（海の家）があれば、その中に避難する。
　・サーフボードやパラソルは畳んで寝かせる。釣竿や傘などは手放す。決

して手で持って振りかざしたりしてはならない。
・砂浜でも段差やくぼみがあれば入るなどして地面との高低差は作らない。
・海上の場合は、岸辺に戻る。戻れないときはサーフボードを海面に寝かせて、水中に潜るなどして雷をやりすごす。
・海辺、砂浜、岸壁など海水で濡れているときは、できるだけ乾いたところまで避難する。

鉄道への落雷と対策

鉄道、電車の中に乗っているときは、乗っている人は落雷があっても安全である。電車には避雷器（電車用アレスター）が取り付けられているので仮に落雷が電車にあっても、車体と乗客は守られる。また、電車に雷が落ちたという事例はあまり多くはない。

日本の電車への落雷として、2013年8月12日午後7時頃、小田急電鉄小田原線、東京都狛江市和泉多摩川駅から神奈川県川崎市登戸駅の間、多摩川を越えるための多摩川橋梁で複数の雷撃が電車を直撃し、火花を散らして電車は自動停止した（図2.11）。電車には避雷器が取り付けられており、雷の電流はその避雷器を通して逃がされ（図2.12）、電車の車体への損傷、中の乗客への被害、けがなどは何もなく、自動停止した。その後約10分して運転を再開し、最寄りの駅で乗客を全員降ろした。避雷器が役に立った事例でもある。なお、関東運輸局によると、2010年以来、電車に雷が落ちたという報

図2.11　電車への落雷

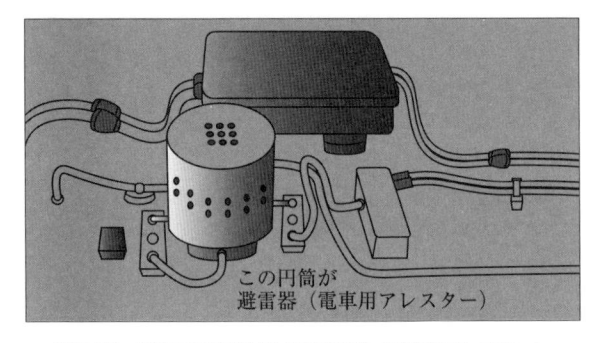

図 2.12　電車に取り付けられた避雷器（電車用アレスター）

告はないとのことである。

風車への落雷と対策

　再生可能エネルギーの代表である風エネルギー発電装置、風車は、大型のものはもとより、中・小型風車においても、雷害被害が数多く発生している。雷は一般に高い突起物に誘導されて落雷する。その点から見ると、風車はその設置環境から、周囲が開けており、高い木や建築物がない場所に設置されることが多い。これは避雷しやすい状況に置かれていることを示している。600kW 程度の中・小型の風車でも、先端の高さが 70 〜 80m にまで高くなっている。小型風車はプロペラおよび発電機を設置ポールの上に置く構造であり、風車の設置高さも低く、その設置環境面から落雷（被雷）する可能性も低く、特に落雷（避雷）対策は講じられていない。ただし、近傍への雷撃による配電線を介した誘導雷を受ける可能性は大きい。中型機で、数十 kW 以上の風車については、JIS C 1400-1 に基づき設計されている場合は、落雷対策がとられている。ただし、この JIS は 2001 年に発行されたもので、これ以前に製作された風車はこの限りではない。中型以上では、ポールではなく、高いタワーの上にナセル（伝達軸、増幅器、発電機等を収納する部分）を置き、その中に風車ブレード（羽根）、増幅器、発電機等を設置する。したがって高さも高くなる。事故の中でも落雷による件数が毎年 1 番多く、2004 〜 2006 年の 3 年間での故障・事故の発生回数とその要因調査結果では、落雷による

40

事故がすべての故障・事故の約25％を占めている[7]。

故障・事故発生率を風車の規模別に見ると、300～600kWクラスが一番多く、0.14回／台・年であり、1000kW以上になると発生率は下がる。大容量の風車は最近のものであり、各種の対策がなされているためと考えられている。

雷撃事故による様相として、被害の様子が異なる2件、能代（のしろ）風力発電所と仁賀保（にかほ）高原風力発電所の2つの風力発電所での雷撃事例を示す。

(1) 能代風力発電所

能代風力発電所は秋田県能代市の日本海沿岸に設置された風力発電設備である。風車はドイツ製で、発電機はプロペラ型600kWが24基である。日本海沿岸の平坦地に、3kmにわたり配置されている。風車発電機の羽根の外直径は44m、羽根先端までの高さは68mと22階建てのビルに相当する。

能代風力発電所は雷撃に対する十分な対策が講じられていること、地域的に雷の発生が少ないことから雷害被害は比較的少ない。風力発電所で最も雷撃を受けやすいのはブレードであるが、能代発電所のブレード部には、レセプター（受電部：ブレード先端付近に導電部を設け、そこに接続した金属ワイヤをブレード付け根まで通して、そこから接地線により雷電流を逃がすもの、次ページの「・機械系装置への対策」の項を参照）が設置されており、この部分が避雷針の役割を果たしていると思われる。しかし、定期検査時の目視点検ではブレード表面に雷撃の痕跡が認められている。

また、雷撃時の雷サージにより情報通信系に被害を受けることは何度か経験している。情報通信系が被害を受けると外部との情報伝達が不能になるため、風力発電は停止せざるを得ない。雷サージによる被害を抑制する方法として、情報通信装置の入り口、出口部に避雷器（アレスター）を設置することが有効である。最近では情報通信の伝送装置を光ファイバーとする手段がとられ、効果を上げている。

---

[7] 乾昭文(2008)「中・小型風エネルギー発電装置の雷撃被害に関する調査研究—雷撃防御と敏速復旧技術・システム　成果報告書」(平成19年度㈶新技術振興渡辺記念会　科学技術調査・研究助成報告書)。

(2) 仁賀保高原風力発電所

仁賀保高原風力発電所は秋田県と山形県の県境にある鳥海山北側山麓、標高 500m 仁賀保高原に位置している風力発電所である。1650kW の風車が 15 基、観光施設としての景観も重視し、一列につながって配置されている。2002 年 12 月から営業運転を開始した。この仁賀保高原は雷の通り道になっていて、度々雷撃被害を受けている。

運転開始後間もない 2003 年 9 月に、ナセルが雷撃を受け火災事故を経験している。これは、雷撃対策が不十分であったと考えられている。午前 1 時頃、風力発電機が燃えているのを近くの住民が発見した。出火から 4 時間でナセルとブレード 1 枚が焼損した。周辺住民の話によると事故当時、雷を伴った強い風雨が襲っていたとのことである。雷撃を受けたナセルの写真を図 2.13 に示す。

ナセルが火災事故を起こした原因は、この風車では増速機を介して誘導発電機を駆動しており、増速機内の大量の潤滑油が火災を起こしたためと考えられている。その後、風車ブレードへのレセプター（受電部）の設置などの雷撃対策がなされ、雷撃被害は減少している。しかし、この仁賀保高原風力発電所は雷の通り道に配置されていることから、冬季雷も多く、2005 年度の観測結果からは、確認できた雷撃だけでも、風車 15 基に合計 128 回の雷撃が確認されている。また、観測期間中における複数風車への同時雷撃の割合は約 30％であった。

風車への落雷対策としては、一般的に、機械系装置（ブレード、ナセル他）と、電気、情報系装置（電力変換装置、変圧器、情報伝送装置）への対策に大別される。

・機械系装置への対策

機械系装置の中ではブレード先端部が最も雷撃被害を受けやすい。ブレードへの避雷対策としては、次のような対策がとられる。

①レセプターの取り付け

初期の風車ではブレードへの雷撃によりかなりの被害を受けたが最近ではブレード先端部にレセプターを設置することにより防止できるようになった。

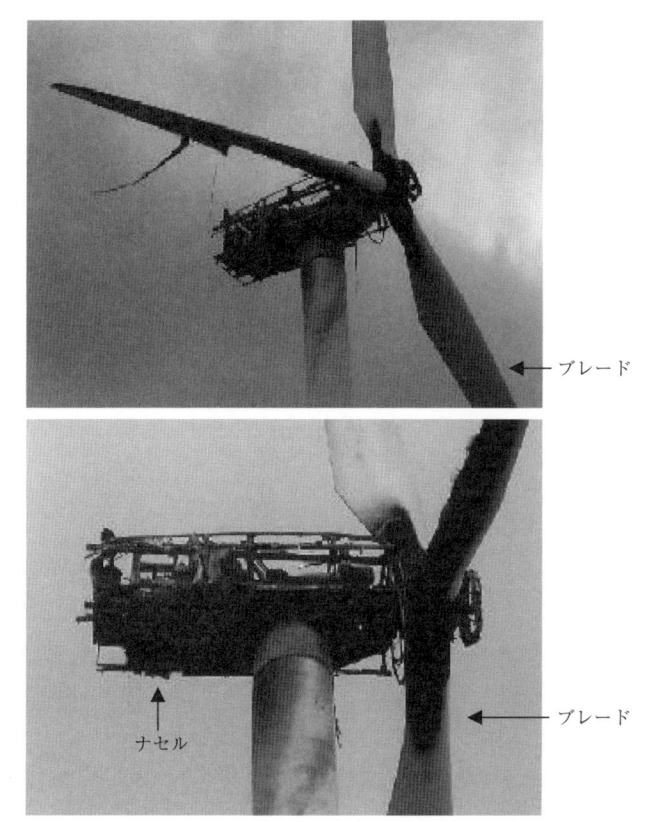

図2.13　雷撃を受けたナセルとブレード(仁賀保高原風力発電所)
(横山茂・和田淳・浅川聡・新藤孝敏（2007）「雷撃による風車ブレードの破損様相とその保護手法の効果の基礎的検討」電力中央研究所研究報告 No.H06018)

このレセプターは「受容体」という意味で、ブレード先端付近に導電部を設け、そこに接続した金属ワイヤをブレード付け根まで通す方法であり、この導電部を「レセプター」と呼ぶ。この導電部で受雷した雷電流は金属ワイヤを通ってブレードを通過し、その後はナセル、タワーを介して接地線へと雷電流は流れる（図2.14）。採用しているメーカーとしてはIHIやLagerweyなどがある。

②ブレード翼端の保護

　ブレードの翼端に金属性のコンダクタを取り付けるものである。ブレード

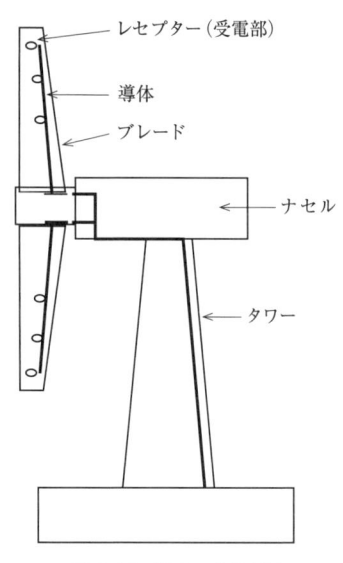

図2.14 風車の落雷対策

に落雷が生じたとき、雷電流を翼端のコンダクタを通してブレードを通過させ、その後、ナセル、タワーを介して接地へと流す方法である。採用しているメーカーの例としてはENERCONなどがある。

③金属メッシュの組み込み

ブレードに金属製のメッシュを組み込み、ブレード表面を保護し、ブレードでの雷撃による破壊を発生させないで、雷電流を流してしまおうというものである。この方法はGFRP（ガラス繊維強化プラスチック）やCFRP（カーボン繊維強化プラスチック）を用いたブレードに採用されているものである。

④避雷針の取り付け

ブレードの最頂部が避雷針の保護範囲に入るように避雷針を設置する。風車のサイズが小さい場合や設置台数が1～2台のときに効果を発揮する。中型以上の風車では避雷針の高さが高くなるため、設置に多大な費用がかかること、景観を損ねることなどから問題点も多い。また、風車の設置台数が多いときは、1つの避雷針だけでは対応できず、その設置本数、間隔などの検討が必要になる。

ブレードとナセル接続部はギャップを介して発電塔内部に設置されたリード線（接地線）を通して接地されている。風車ブレードのレセプターに被雷した場合、雷エネルギーは接地線を介して大地に放出され、雷撃の被害を限定化するような対策がとられている。また、ナセルには避雷針が装備され、ナセルを雷撃被害から保護している。

・電気、情報系装置への対策

電気、情報系装置では雷撃時の雷サージにより情報伝送装置が最も被害を受けやすい。一般に、変圧器は規格により規定された雷インパルス耐量（耐電圧能力）を有する。また変圧器のケーブル接続側には、過大な電圧が侵入した場合に、その電圧を抑える避雷器（アレスター）を設置している場合もある。一方、発電機やその他の電気機器については、雷対策は講じられていないので、その電路の入り口で雷の侵入を防止する。

情報伝送装置は直接的に雷撃を受けることは少ないが、雷サージにより被害を受けやすいので、情報伝送装置の入り口部と出口部に避雷器を設置するのが一般的である。一方、情報伝送装置間を接続するケーブルについては、雷サージの影響を受けない光伝送ケーブルが最近では使われるようになってきている。

農作業での落雷

畑、水田などでの農作業中の落雷事故も毎年、内外で報告されている。多重雷による被害もナイジェリア（2011年）やインド（2007年）で報告されている。ナイジェリアでは、2011年6月28日、降り始めた土砂降りの雨を避けるため、農場を走っていたところ落雷で12名が死亡、9名が負傷した。インド西部では2007年、季節外れの激しい雷雨が10月末から11月初旬に起こり、農作業各地で落雷事故が多発した。農民ら17名が死亡、14名が負傷した。

国内でも、畑や水田で農作業中、落雷による負傷事例が毎年のように夏には報告されている。

雷鳴が聞こえてきたとき、雷雲が近づいてきたときはできるだけ早く作業

> **"こぼれ話" 雷除けに蚊帳に入る**
>
> 民家に落雷があり、屋根から側壁または柱を通って大地に流れたとすると、そのそばにいれば人体はそれらより良導体なので、雷電流は人に飛び移るかもしれない。蚊帳の中でうつ伏せになっていれば少なくともこれらから1m以上離れている。ちなみに77kV送電線用長幹碍子は長さ875mmで雷による閃絡電圧は500kV以上である。このことから蚊帳の中でうつ伏せていれば、1m以上離れているので雷が落ちてもまず安心、蚊帳の有無は関係ない。

を中止し、帰宅するのが望ましい。対策は前に述べた海での対策と同様の対策をとること。

学校、校庭、運動場での落雷

体育祭や運動中など、校庭に落雷し負傷する事故も報告されている。2008年7月に千葉県流山市で、薄曇りの天気の下、約100人が運動場（グラウンド）で部活動中、校舎からグラウンドに降りる屋外階段の手すりに落雷した。雷が地面を走った際、飛ばされた熱い砂があたり、3m離れた場所を歩いていた3人が負傷している。また、同年9月には、福岡県で、高校の体育祭の閉会式直後、雨が降り始め、グラウンド付近に落雷し、仮設スタンドやグラウンドにいた生徒10人が負傷するという事故があった。

運動クラブの活動なども含め、雷が近づいたらすぐに中止し、建物の中に入ることが重要である。

野球、サッカー、テニスなどのフィールドスポーツ中の雷撃事例も、特に外国では毎年報告事例がある。日本では、1990年8月に、東京都葛飾区の河川敷で野球中に落雷があり、小学生が1人死亡している。1987年8月には世田谷区で、テニスのダブルスの試合中、雨が降り遠くで雷が鳴っており、前衛の1人がボールを打ち返そうとラケットを振り上げた瞬間落雷して心肺停止状態になった。この時は同じコートにいた医師が心肺蘇生法を施し、蘇生したという事故が起こっている。7m離れたもう1人の前衛も負傷したが、後衛の2人は無事だった。まだ遠くだと油断せず、雷鳴が聞こえたらすぐに

建物の中に入ることが必要である。

航空機の落雷対策

航空機の機体は、以前は金属製であったが最近はFRP（繊維強化プラスチック）を使用しているものもある。航空機は一般的にブレードに静電気放電棒を取り付け、そこから機体に発生する静電気を放電している。落雷に対しては、航空機の先端に位置するレーダードームに金属の板を放射状に数本貼り付けて対応している。またブレードの翼端などには金属を埋め込み、雷電流がスムーズに流れるようにして、発熱破壊が起きるのを防いでいるようである[8]。

8　注3に同じ。

3章 雷物語

3.1 雷はどのような存在であったのであろうか

　昔の人々にとって、雷はどんな存在であったのだろうか。山林を燃やし、時には山火事も起こす。家屋を燃やし、時には人命も奪う。一方、雨を伴い、乾いた田畑に慈雨をもたらす。雷は人知の及ばぬ神がかり的存在であり、そこに畏敬感が生まれ、信仰、神話、寓話の対象になり、劇にも登場する。

　世界文明の発祥の地の1つ、長い歴史を持つ中国。遣隋使、遣唐使などを通じ、この国の文明を取り入れ、自らの文明を築いた日本。地中海文明に始まり、教会の教理に強く支配された中世を経て、ルネッサンスに文明復興のあった西欧。これらの地に住んでいた人々が雷について何を考えていたのか。起こった事象についてどのような解釈をしていたのか、物語風に述べてみる。

中国でのこと

　昔の中国では、神羅万象のすべてが陰陽の気に起因すると考えられていた。漢の高祖の孫、淮南国の国王 劉 安（りゅうあん）は多くの学者、文人を集め、『淮南子（えなんじ）』（B.C.120年頃）を編集した。この中の巻三「天文訓」に、「陰陽両気切迫すると感応して、雷となり、激しく衝突すれば霆（いかずち）となる」とある。大目に見て、気の陰陽と電荷の正負を同じと見れば合理的な話となる。なお、当時は雷と霆とに区別し、前者は雷鳴、後者は電光（単に電）を指した。その語源だが、殷の時代の骨文字に、雷の田は車を表し、ゴロゴロ音を出して走るとある。電は雷が尻尾を出しており、閃光を意味する。

　ところで、当時の世間一般の雷に対する見方だが、俗説、寓話が伝承され、

流布されていた。雷も、雷神または雷公ともなれば、竜と同様、架空の存在となる。両者はともに雨に関係が深く、結び付けられて語られた。例えば、両者は天帝の使い、竜は全知全能の聖獣、淵に潜み、春分になれば空に昇って雲を巻き上げ、風を吹かせ、雨を降らす。雷に協力して悪逆者に天罰を与える。秋分になれば、空より降りて淵に潜む。竜の働きに度がすぎれば雷は竜をとらえて天に引き上げる。そんな寓話もあった。

　後漢時代の王充は『論衡(ろんこう)』を著し（A.D.82年頃)、その中の「雷虚編」で、世間一般に流布している雷の俗説を批判した。その要点は、盛夏になると雷電は活発になり、迅速に動き、瞬時に樹木を撃破し、家屋を破壊し、時には人を殺す。これに関し、世間では雷が人を殺すのは彼らが隠れた悪事をするのを罰するためで、雷鳴は天の怒りであるといわれるが、本当は、雷は火で、太陽の激気が関係しているのである。正月は陽気が働き、雷が起こる。5月は陽気が盛んになり、雷が激しくなる。秋から冬にかけては陽気が衰え、雷は潜伏する。真夏は太陽が勢いを振るい、陰気がこれにつけ込み、陰陽の両気が入り乱れ熱気が発生し、雷となる。これにあたれば樹木は割かれ、家屋は破壊され、人は殺され死ぬ。

　王充の説く実説は、現在の通説となっている「雷の発生は太陽により暖められた水蒸気を含む地上の大気が上昇流となり寒気の上層大気に流入し、積乱雲を作り、水分は氷晶となり、その中で正負の電荷の分離を起こし、雲中にあって、これが雷の基である」とするに通じるものがある。

　2000年も前に『淮南子(えなんじ)』や『論衡』で、今に近い論説が行われていたのは驚きに値する。だが、世間一般に伝わる雷は、俗っぽく偶像化され、雷神、雷公となった。王充が当時巷(ちまた)に流布していた雷公の姿を画工に描かせたところ、連太鼓を左手で引き寄せ、右手に持った撥(ばち)で太鼓をたたく力士のような者を描き、これが雷公だとし、また、雷鳴のゴロゴロは太鼓を打つ音であるとした。これを参考に『和漢三才図会』に書かれた雷公を図3.1 (a) に示す。

　中国は広く、他の姿の雷神もある。例えば、『山海経(せんがいきょう)』(漢代以前)は中国古代の地理書で、多くの神話、奇怪な物語が収められている。その中の「海内東経(かいだいとうきょう)」に燕国という国が東北隅（今の北京周辺)にあり、雷沢に雷神(図3.1(b))

3章 雷物語

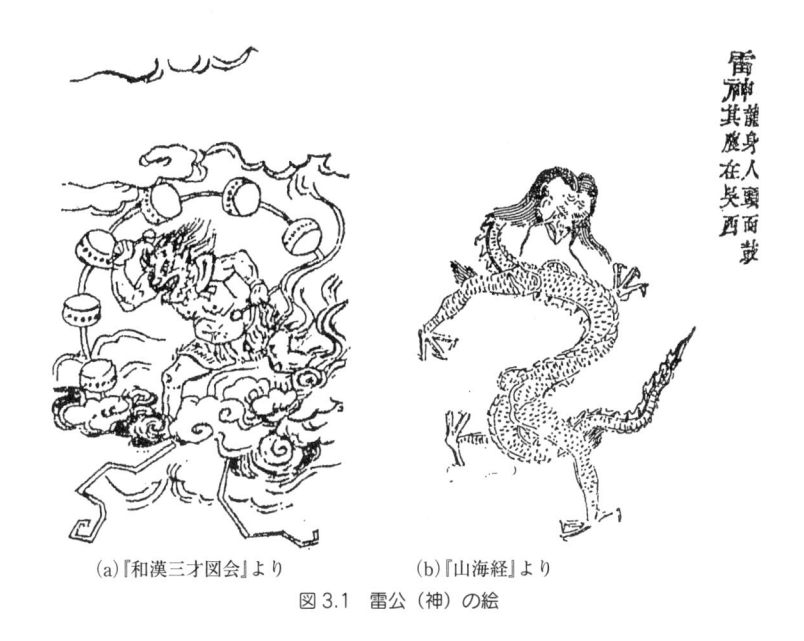

(a)『和漢三才図会』より　　(b)『山海経』より
図 3.1　雷公（神）の絵

が記されている。人頭竜人で腹をたたくという。ちなみに沢とは湿地のことである。

　擬人化された雷公は寓話ともなり、いろいろな姿で出てくる。その1つを紹介しておく。

　明代書、謝 肇淛著『五雑組』（1600年頃）は天・地・人・物・事に分け諸事象を叙述したものだが、その中の「天部」に雷のことが書かれている。

　唐の時代のこと、槐の大樹があり、雷が落ちて数丈にわたって裂けて雷公がこれに挟まれ、幾日も吠え続けた。人々は恐れ近づこうともしなかったが、都督の狄仁傑が近寄って尋ねたところ、雷公は天命を受け、離れ竜が樹の中に住んでいるので、これを追い出しに降りてきたが、落下の際、勢いが強すぎて、樹に挟まれた。もし、助けてくだされば、厚くご恩に報いるといった。狄は鋸を引く者に樹を切らせ、雷公を解放した。一説では、竜は激しい雨にはばかられると家屋や樹に逃げて隠れるとのこと。この本の著者、謝も、雷公が人と話ができるなど奇怪なことだといっている。信用できない寓話ということか。

51

日本でのこと

日本の神話にも雷神がいる。男神伊弉諾尊と女神伊弉冉尊(『古事記』では伊耶那岐、伊耶那美と表記される)は日本のアダムとイブのような存在である。『日本書紀』『古事記』によれば伊弉冉尊は次々に子供の神々を生むが、軻遇突智(火の神、『古事記』では火之迦具土神)を生んだとき、母体が傷つけられ、死に至った。伊弉諾尊は怒って軻遇突智を3段に斬った。その血が八神となり、その中に武甕槌神(『古事記』では建御雷之男神)がいた。その神は勇敢な男神の雷神である。自然を支配する神としての雷神は厄除けをしてくれることを期待されて、雷神信仰が起こり、各所に雷神神社が造営された。その最有力の神社として京都の賀茂別雷神社がある(通称上賀茂神社)。神代の昔、神社の北2kmのところの神山(神奈備山)に降臨があり、678年(白鳳7年)社殿が造営された。祭神は賀茂別雷大神で、皇域鎮護の大社となり、神域は66万 m^2 もあり伊勢神宮に次ぐ崇敬を受けている。

話を神話から古典に移す。この世で恨みを持つ者が死して雷になり、遺恨を晴らすという物語がある。軍記物『平治物語』を例にとる。菅原道真の話と源平合戦で敗れた義朝の長男義平(悪源太)の話の2例を述べる。

昔、北野天神(道真のこと)は配流の恨みに雷を起こして、本院の大臣(藤原時平)を罰し給うた。「これは権化(姿を変え、神となって)の世に出て讒佞の臣を退けられ、忠臣を賞すべき政を示すが為也」とある。

"こぼれ話" 落雷除けに「クワバラ、クワバラ」と唱えること

菅原道真(天神様)には都の近くの桑原(くわばら)に領地があった。その地は落雷が少ない。これは落雷を司るのが彼の眷属(けんぞく)、第3の使者、火雷天気毒王[1]であれば当然のことである(ちなみに火雷天気毒王はもともと北野に祭られていた火雷天神だといわれている)。落雷を避けたい人々が、ここは天神様の領地の桑原だから落ちないでくださいと唱えたのである。今はもっと広く、危険を感じたとき、「クワバラ、クワバラ」と唱え、災害から遠ざかるのに使われる。

---

[1] 清涼殿に落雷させたのは日本太政威徳天(菅原道真公)の眷属(親族、手下)で第3の使者「火雷天気毒王」の仕業である、という意味。

3章 雷物語

　道真の話だが、宇多天皇は藤原一族を抑える目的もあって彼を登用した。次の醍醐天皇は道真を右大臣に、藤原時平を左大臣に任命した。時平はこれを妬み、道真は天皇を廃し、斉世親王を後に立てることにしていると上奏し、讒言した。これにより、901年（延喜元年）、道真は大宰府に流され、翌々年に配所で死んだ。

　その翌年の904年（延喜4年）、京都洛中所々に大雷があり、910年（延喜10年）、923年（延長元年）にも次々と京に大雷があった。さらに930年（延長8年）には御所、清涼殿に落雷があり、藤原清貫他多数の公卿が雷死した。世人はこぞって菅公の祟りとした。なお、落雷は菅公自らが手を下したのではない。仏事の歴史書『扶桑略記』によれば、菅公には16万8000人の眷属（従者）がいて、その第3の使者火雷天気毒王に行わせたとのことである。

　次に悪源太（源義平）のことだが、悪は強いということで、腕力のある源氏の若大将くらいの意味、時の源氏の棟梁源義朝の長男、頼朝、義経の兄にあたる。平治の乱で、平清盛に敗れた義朝・義平父子は東国に逃れ、再起を図るが、義朝は重代の御家人長田四郎忠致に暗殺され、他の御家人たちは散り散りとなった。悪源太は、自害することは容易なことだが、平家のしかるべき人を狙うことこそ本意なりと1人京に向かった。その後、運悪く病に倒れたとき、生け捕りにされ、難波三郎経房に白昼、六条河原で打ち首にされた。そのとき、彼が難波にいったことは、「運悪く、今生（この世）の合戦では打ち負けて情けなき目にあったが、死して雷になって清盛をはじめ汝たちに至るまで蹴り殺す」だった。

　その後のこと、清盛一行は布引の滝に遊覧に出かけた。難波も供に加わる

"こぼれ話" 雷公が臍（へそ）を狙うこと

　雲の上で雷公たちが太鼓をたたいて酒盛りをしていた。何か酒の肴になるものはないかと地上を見回したら、子供が臍を出して昼寝をしているのを見た。臍はおなかの真ん中にあるもの、さぞ美味のものに違いないと狙ったという。実際は雷を伴う夕立は急に気温が下がる。寝冷えすることを防ぐため、暑くてもおなかを隠して昼寝しろと、親が子供に諭すためのようである。

が、悪夢を見て、滝に行くのを拒み宿に籠居した。同輩に、弓矢をとる者が悪夢くらいで出かけるのをやめるのは恥だ、といわれ、出かけることにした。滝を見ての帰り道、にわかに空が掻き曇り、雷光が走った。難波が色を失い、傍らの者に申したことには、「夢に見たことはこのことで、悪源太が斬られたとき、はては雷となって、蹴り殺すといいし面魂が常に心に浮かんでくるが、昨夜この夢を見た」と。そのとき毬ほどの大きさの光が巽（東南）の方向に飛んでいくのを見て、人々は悪源太の雷かと思い、それが帰ってきたとき、難波は蹴り殺されるのではないかと思った。彼は雷ならば斬ってみせると太刀を貫いた。彼の上に黒雲がうずまき、雷が落ちた。雲散した後、難波は五体散り散りに斬られて、見てもいられぬ有り様であった。清盛は弘法大師の五筆のお経を錦の袋に入れて、胸に提げていたので助かった。

　これらの話は雷信仰につながるものと考えられている。これらは『平治物語』に記されている。

　江戸時代になると雷の擬人化は一段と進み、王充が図工に描かせた雷公が標準姿となり、仏師、絵師の好材料になった。東京浅草の観音様（浅草寺）の山門（雷門、図3.2）にも、雷神（図3.3）が鎮座している。中国では雷神は竜と対になっているが、日本では雷神と風神が対になっており、雷門では向かって右側に風神、左側に雷神が安置されており、竜は大提灯の底に潜むのみ（その底板に竜の彫刻あり）である。江戸元禄の頃は町民美術が開化したが、こ

右に風神、左に雷神安置、大提灯の底に竜が潜む。

図3.2　東京浅草観音様（浅草雷門）　　　　図3.3　浅草観音様雷門の雷神

3章 雷物語

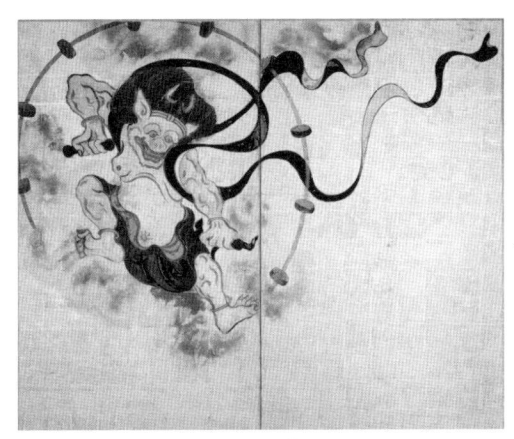

図3.4 俵屋宗達筆 雷神図（国宝、京都建仁寺、画像提供：京都建仁寺）

こでも風神と雷神は絵師たちに好んで描かれ、中でも俵屋宗達（国宝、京都建仁寺、図3.4）、尾形光琳（重文、東京国立博物館）の絵は有名である。

西欧でのこと

　ギリシャでは、後に最高神になったゼウスの父・クロノス（Cronos）王は、王座を子供に奪われるという予言を恐れ、生まれてくる子供たちを次々に飲み込んだ。末子として生まれたゼウス（Zeus）は母の手で密かにクレタ島の洞窟に隠され、育てられた。成長するに及んで、父の妄挙に反対し、挑戦することになる。それにはまず、父に秘薬を飲ませ、兄弟たちを吐き出させ、さらに幽閉されていた伯父の巨人神たちを救い出し、味方に付けた。伯父たちは喜んで、ゼウス3兄弟のハデス（Hades）に隠れ帽子を、ポセイドン（Poseidon）に三叉の鉾を、ゼウスには電光の雷を与えた。3兄弟は伯父たちの協力を得て、父クロノスとの戦いで勝利をおさめ、父と随身の神々を幽閉した。その後、3兄弟はくじ引きで、ゼウスは天空を、ポセイドンは海を、ハデスは冥界を、地上は3兄弟共有で支配することにした。天と地を支配し、強力な電光と雷を得たゼウスは最高神となった。このことは古代ギリシャでも電光と雷は最高の威力として恐れられたということか。

米国1ドル紙幣裏面には鷲の右爪に平和の象徴オリーブの葉を、左爪には電光を握った絵が描かれている（図3.5）。平和と力をゼウスにあやかって描かれたものか。なお、100ドル紙幣には避雷針の元祖フランクリンの肖像がある（図3.6）。

　シェイクスピアの戯曲、『あらし』（The Tempest）に雷が使われている。ミラノ公国国王プレスペローは、ナポリ王と結託し、王位を奪った彼の弟に島流しにされた。王は空気の精霊エアリエルに命じて嵐を起こさせ、彼らの乗る船を襲わせた。精霊の王に対する報告は、自分は炎に姿を変え、マストを駆け回り、時には一塊となって彼らを脅かし、雷鳴と電光で攻め立てましたというものだった。先端放電（次に述べるセント・エルモの火）で妖気を与え、雷で恐怖を起こさせたということか。

左爪に電光を握っている。

図3.5　米国1ドル紙幣裏面

図3.6　米国100ドル紙幣（フランクリンの肖像）

セント・エルモの火

これは嵐の日など船のマスト、教会の尖塔（図3.7）、急峻な峰などに現れる火炎などである。物理的には地上面の電界の強さが1kV/cm以上になる[2]と発生する先端放電（コロナ放電）である。雷放電は10kV/cm以上になると発生するので、いわば、雷の前段である。古代人にとっては闇夜に発生する火炎は妖気と感じられたに違いない。そのためいろいろと物語が作られている。以下にその例を示す。

地中海の船乗りはイタリアの港町ガエータ（Gaeta）で殉教したセント・エルモ（St. Erasmusなまって、Elmo）を悼み、彼らの守護神とした。船のマストに現れる火炎をセント・エルモの火（St. Elmo's fire）と名付け、火炎が2つ現れたときは吉とし、ギリシャ神話に出てくる海の英雄兄弟キャスタ（Castor）とポラックス（Pollux）と名付けた。好天気で無事港に導く幸運をもたらすものとした。一方、火炎が1つのときはヘレナ（Helena）と名付けた。彼女は両兄弟の妹で絶世の美女、それゆえに男たちを惑わし、トロイの戦い

図 3.7　教会尖頭の例

---

[2] 1V/cmの電界というのは、1cmの間隙に1Vの電圧がかかっているのと等しい状態（単1乾電池は1.5V）。これに対し、1kV/cm、10kV/cmの電界というのは、1cmの間隙に1kV（1000V）、10kV（1万V）という高い電圧がかかっている状態。

の原因にもなった。これは船乗りを死に導く凶のかがり火と考えた。後の話になるが、1493年、コロンブス（Cristopher Columbus：伊、1451頃～1506）がアメリカへの2回目の航海のときに、7つの火炎がマストに現れたという。7はLucky Sevenで、無事に航海できたための作り話という説もある。

中国でも先端放電に関する話が多々ある。農事のこと、軍事の勝負のことなどの前兆を表すと捉えられた。軍事の例を示しておく。

『晋書』の記述によれば304年（永興元年）、成都王は反乱を起こし、長沙を攻めた。城の周りに配した兵たちの長槍の先端に火が出た。これは王が人命を軽んじ、戦いを好んだことに対する天の戒めであることなのに王はこれを悟らず、敗亡した。火は先端放電で凶と解する。

『金史』の太祖帝の記述によれば、金は1115年建国した。遼帝は70万の大軍を率いて金に迫った。金はこれに対峙した。遼内に内乱があり、遼帝は2、3日前に帰国に向かったのを金帝は知った。このとき金軍の矛先に火の発するのを見て、追撃すべしということになり、遼軍を追撃し勝利をおさめた。この場合は金軍の矛先の火は金軍に吉をもたらしたことになる。

3.2 雷災例（避雷針以前）

フランクリンの雷研究（1章1.1参照）以前の、雷に対し無防備だった時代の雷災について述べる。

我が国の雷災については、神田選吉の『雷の話』（1906年〔明治39年〕、電友社）の付録「雷霆年表」には飛鳥時代の639年（舒明天皇11年）から江戸時代の1856年までの雷災記録年表がある。小鹿島 果 編日本鑛業會『日本災異志』（1894年〔明治27年〕）には552年（欽明天皇13年）から1885年（明治18年）までの「災害記録年表」がある。落雷があっても必ずしも火災まで発展するとは限らない。後者の『日本災異志』と前者の年表とを比較照合すれば雷害の程度を詳しく知ることができる。両者とも雷害の有力資料といえる。以下に両書を参考にしながら落雷、それによる雷害例を場所、物件別に紹介する。

大型建屋への雷災

宮殿、神社、仏閣、城などは周辺の他のものより一段と高く聳えていることが多い。まさに、雷にとって好標的となる。まず、我が国を例にして述べる。

古くは『日本書紀』に、670年（天智天皇9年）夏4月夜半の後、法隆寺火災が発生一屋余すこと無し、大雨雷雲とある。また、780年（光仁天皇寳龜〔宝亀〕11年）正月14日大雷京中の数寺雷火、西ノ京薬師寺西塔、葛城寺塔並びに金堂等皆 焼 盡（焼尽）すむ」ともある（『続日本記』）。

さらに東大寺その他の有名寺院の雷災例が多々あるが、関心ある方々は前述年表を参照してもらうことにして省略する。

宮殿の例として、清涼殿の例は前述した（53ページ）。多くの公卿が雷死したが、玉体は無事、清涼殿は焼失を免れたが、天皇は怖れ常寧殿に移られたとのことであった。落雷と菅公との関係付けは有名なことだが、28年も経っており、まったくの虚言である。

城への落雷も多くあるが、例えば、1660年と1665年の大坂城、1750年の二条城、1850年の和歌山城への落雷では天守などの焼失があった。このうち、1660年の大坂城雷災は火薬庫の爆発があり、大災害なので詳細は後述する。

中国には事象を詳しく紹介したものがある。

『元史』巻51に、1368年（至正28年）6月、北京の大聖堂萬安寺に落雷があったことが記されている。仏殿の屋根の稜線先端に置かれ空に向かって突き出ている飾りの大海亀の口から焔が出て、内部に置かれた仏像が焼かれた。帝は落涙し、百官に修理を命じた。中国の寺院、宮殿などの大型建築物の屋根の端は天に向かって反り返っていて、その先端に架空の動物、例えば竜や大海亀などの飾りが付いている。図3.8にその例を示す。これら飾り動物には金が塗布され良導体になっている。建屋内部の仏像と天蓋（天井の飾りもの）にも同様に金の塗布が施されており、それらの間に空隙があっても、電気的には、放電経路が構成され、雷はこれを通って大地に流れる。仏面が焼かれても、建屋が無事だったのが理解できる。

図3.8　中国風大型建築の屋根上の竜の飾り（横浜中華街関帝廟の例）

　北宋時代の沈括選『夢渓筆談』（1090年頃）は、政治、法律、技芸、神奇など多様な内容の随筆集だが、科学記事も多くあり、現在でも注目されている書で、この中の雷についての記述は次のようなものがある。
　宮廷官吏李舜挙の家に落雷があった。母屋の西の部屋から火が出て、火は庇まで立ち上がり母屋も燃えるのではないかと思い、人々は避難した。その後雷が止んだので戻ってみると、家屋は無事で、壁や窓紙は真っ黒になっていた。いろいろな器具を一緒に入れていた木製の戸棚の中で、銀がちりばめられた漆器の銀はことごとく溶け地面に流れていたのに、漆器そのものはまったく焼け焦げていなかった。一振りの宝刀の非常に硬い鋼は鞘の中ですっかり溶けていたが、鞘はやはりびくともしていなかった。人々は、火は先に草や樹を焼いて、次に金石を溶かすものと思い込んでいたのに、ここでは金石がすべて溶けているのに、草木は1つも焼かれていない。これは人智では測り得ないことである。仏典に、龍火は水を得て盛んになり、人は水を得て火を滅すとあるというが、その理法はまったくその通りである。人間はただ人間界のことだけを知っているにすぎない。人間界の外には無限の事柄が存在する。こまごました世俗の知識で奥深い理法を図り極めることなどは、どだい困難なことである。このことは宋代には導体、絶縁体の知識がまったくなかったということで、清代になり、方以智の『物理小識』（1664年）には

3章 雷物語

この区別が書かれており、本当のことを知るのはこれまで待つことになる。

寺塔などへの雷災

　寺院境内で一段と高く聳えるのは寺塔である。当然のことながらこれも雷にとって好標的となる。場合によっては、自らが犠牲になって、金堂を守る感もある。東西の寺塔の例を示す（図3.9）。

　780年（寶龜11年）の薬師寺西塔（図3.9(a)）の焼尽は前述したが、京都駅近くに東寺がある。この東寺の塔は886年（仁和2年）、1055年（天喜3年）、1563年（永禄6年）、1594年（文禄3年）としばしば雷火を受けている。

　奈良の東大寺の塔は数回の雷火を受け焼失した。現在は廃絶となり、東塔は鏡池の南側に、西塔は水門の北側に旧跡あるのみである。

　中国の寺塔の例を示すと、山西省朔州市応県の佛宮寺は宋代（1056年）に建設され、木造の塔がある（図3.9 (b)）。全高約67 m、塔上部には約14 mの鉄製塔刹がある。したがって、塔本体木造部分は約53 mとなる。塔基台は石積みとなっている。この付近の年間雷日数は40日、比較的多いにもか

(a) 奈良県薬師寺西塔
　高さ約35 m。度重なる雷、兵火で焼失したが1981年再建。

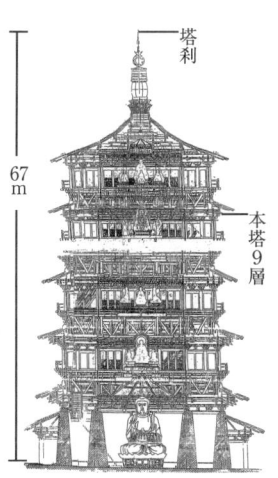

(b) 山西省佛宮寺釋迦塔(木塔)
　1056年建立。1度も雷災なし。大陸性気候で乾燥状態。全体として絶縁的状態か。

(c) ベニスのサン・マルコ聖堂
　鐘塔高さ100 m余。度重なる雷災を受けたが避雷針設置後雷災なし。

図3.9　東西の寺塔の例

61

かわらず、塔は雷撃を受けることはなかった。この理由について近年調べられているが、塔本体と基石は乾燥状態ではあたかも長連碍子（碍子を長く連ねたようなもの）のようなもの、高い絶縁性が保持されているものと考えられる。

日本の寺塔は雷災により燃火した例が多いが、これは大陸性気候で乾燥した中国と湿気の多い日本の気候の差によるのかもしれない。

イタリアのベニスの旧宮殿そばの広場にあるサン・マルコ聖堂の鐘塔（図3.9 (c)）は数次の雷災を受け破損したが、避雷針設置後の雷害はなく、広場のシンボルとして観光客を集めている。

火薬庫への雷災

落雷の中で最大の被害は火薬庫への落雷である。かなりの事例があるが、そのうち、最大級のものを下記に示す。

「1660年（萬治3年）6月18日、大坂城青屋口山里の焔硝蔵に雷火あり。硝薬2万9150貫（約100トン）が焼失、石垣崩れ、城内焼損大、士民多数死傷、爆風で町家の倒れたもの1400軒余」（『玉露叢』〔延宝時代、1670年代〕）。

外国の例では、1769年8月18日、ブレシア（Brescia：伊）にあったセント・ナザレ寺院の塔に落雷、塔下にあったベニス国所有の火薬20万7600ポンド（約95トン）が爆発、市は大損傷、死者3000人とある。

他の著名な例を挙げると下記がある。

1769年	ベニス（Venice：伊）	死者400人
1773年	アベビル（Abbeville：仏）	死者150人、家屋被害100軒余
1807年	ルクセンブルク（Luxemburg）	死者30人、負傷者200人
1857年	ボンベイ（Bonbay：インド）	死者1000人、家屋500軒　など

現在は重要建築物には避雷針が設置されており、かかる雷災の心配はない。

4章 雷の研究

4.1 雷研究の始まり

　雷は自然界に起こる大規模な静電気現象である。晴天時でも地上面には1V/cm程度の電界があるが、積乱雲が発生し雷雲になると、電界は一段と高くなる。そして、この電界が1kV/cm以上になれば、地上の突起物、例えば、寺塔の先端の宝珠から先端放電（コロナ放電）が起こり、火炎が見られる。さらに電界が高くなり、10kV/cm以上に達すれば落雷の発生となる。

中国での雷の研究の始まり
　雷が大規模な静電気現象であるという認識に至るまでには、それなりの経緯があった。東の中国では『淮南子（えなんじ）』（B.C.120年頃）、『論衡（ろんこう）』（A.D.82年頃）に見られるように、古代でも雷は陰陽の両気の衝突によるとされている（49～51ページ参照）。陰陽両気は易の概念から発生したもので、自然科学の概念から発生したものではない。雷そのものの究明は科学的思考発祥の地、西欧での静電気の研究が行われるまで待つことになる。

西欧での雷の研究の始まり
　西欧での静電気の研究も、初期の段階では学術的なものというよりは高級玩具的存在にすぎなかった（図4.1）。それでも、電気の基礎的知識の修得には役立った。静電気の発生器、静電起電機の高性能大型化と、ライデン瓶（一種の蓄電器）の発明により長い火花放電の発生とそれによる実験が可能になると、その火花放電と雷放電の類似性から、雷は大がかりな静電気現象ではないかと考えられるようになり、その究明研究が始まった。

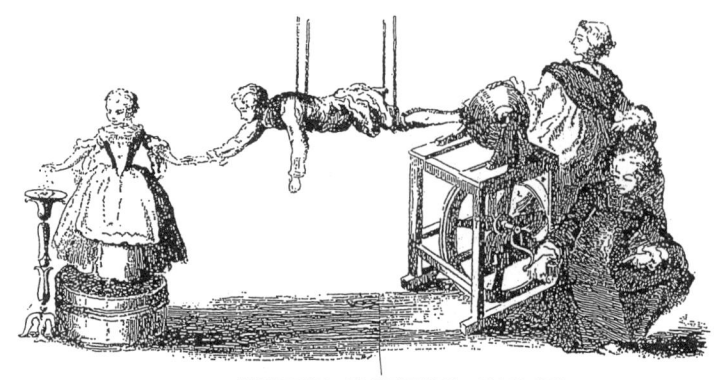

HAUSEN'S ELECTRICAL MACHINE.

球と少年の足とで静電器発生。少年は導体となって電荷を少女に伝達。少女は手で軽い物を吸い上げる。

図 4.1　静電気を使った貴族たちのお遊び

まず、静電気の研究事始めから述べる。

4.2　雷の研究事始めから最新研究まで

静電気の研究

　西欧中世はキリスト教の教義が強く世相を支配した時代であった。教父アウグスティヌス (St. Augustinus of Hippo：アルジェリア、354～430) は 426 年『神の国』を著した。彼の教義はスコラ哲学となり、現世的なこと、物質的なことを邪悪なものとして否定し、教会の教義が自然科学より優位に位置付けられ、自然科学は不毛なものとなった。近世になり、ルネサンスが興り、人間と自然の再発見、実験と観察に基づく自然現象の探究が行われるようになると、天の使者として畏敬の存在であった雷も、大じかけの静電気による自然現象ではないかと考えられるようになった。近世電磁気学の祖といわれるギルバート (William Gilbert：英、1544～1603) は、図 4.2 に示す『磁気論 (De Magnete)』を 1600 年に発表した。この中に静電気の記述がある。ピボットで自由に回転できる金属針に帯電した誘電体を近づけると、針の先端に誘電体

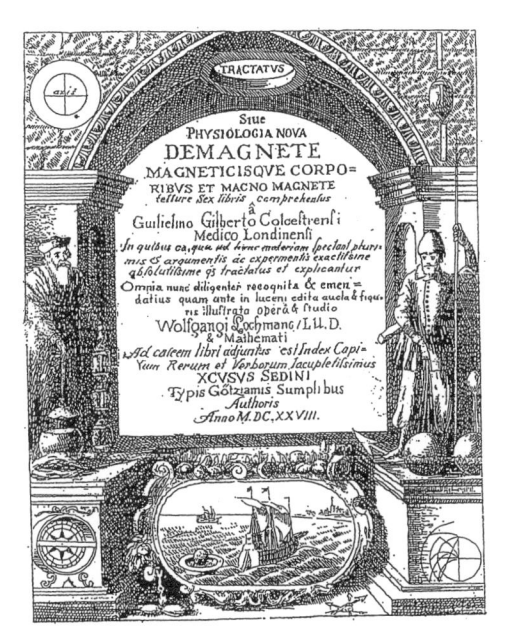

近世電気磁気学の事始め

図4.2　ギルバートの『磁気論』

と逆極性の電荷が現れ、針は誘電体に向かって回転する。これは静電誘導現象と認識される。

マクデブルク市の市長ゲーリケ (Otto von Guericke：独、1602～1686) は、真空半球を馬にひかせた実験 (1654年に神聖ローマ帝国国王の前で行った) で有名だが、彼は1671年、図4.3に示す最初の摩擦静電起電機を作った。軸を付けた硫黄球を回転させ、手を集電子代わりに球面に接触させると、球表面に微光と微音が発生した。素朴なものだが、機械じかけではじめて人工的に摩擦静電気の火花放電を起こさせたことになる。

ホークスビーは、図4.4 (a) に示す中空ガラス球の静電起電機を作った (1709年頃)。球内を真空にして、手回しのハンドルを勢いよく回し、球表面に手を触れると、球表面は軽いものを引き付け、球内部には光 (グロー放電) の発生を見た。球内に再び空気を入れると球表面にも光の発生を見た。電荷 Q、静電容量 C、電圧 V の関係は $V=\dfrac{Q}{C}$ で表される。電荷 Q は小さくても、ガラ

GUERICKE'S FIRST FRICTIONAL ELECTRICAL MACHINE, AS SHOWN IN HIS "EXPERIMENTA NOVA MAGDEBURGICA."

図 4.3　ゲーリケの硫黄球の摩擦静電気発生実験

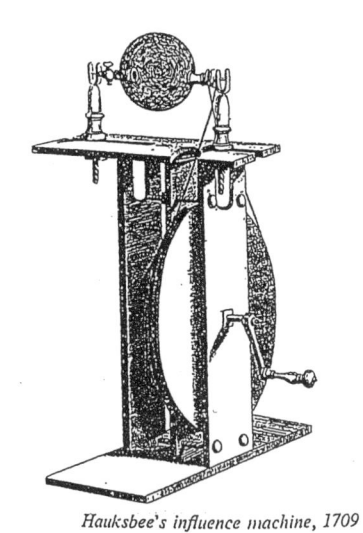

Hauksbee's influence machine, 1709

（a）ホークスビーの中空ガラス球体起電機

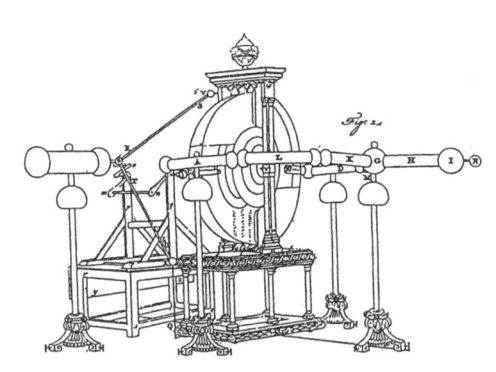

Dr. van Marum's large influence machine at the Teylerian Institution, Haarlem, 1790

（b）マルマの起電機
　　ガラス円盤型（円枝直径6インチ＝165cm）

図 4.4　摩擦静電起電機例

ス球面と手、または大地に対する C は小さく、光を発生することができる放電電圧を上記2例で得たわけである。

その後、摩擦静電起電機は図 4.4（b）に示すような一段と大規模なマルマ（Maruma）による起電機へと発展した。また、起電機で発生した電荷を蓄えられるライデン瓶が、クライスト（Ewald Georg von Kleist：独、1700 頃～1748）とミュッセンブルク（Pieter van Musschenbroek：蘭、1692～1761）により、ほとんど時を同じくして独自に発明された（1745／1746、図 4.5）。オランダのライデン大学で発明されたので、「ライデン瓶」の名前が付いた。この起電機とライデン瓶の両者の組み合わせで、強力な高電圧での長間隙火花放電の研究が可能となった。

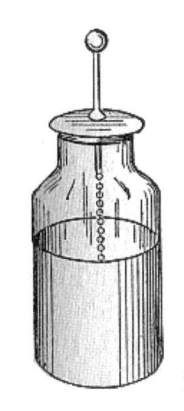

図 4.5　ライデン瓶

この結果から、ホークスビー、さらにはニュートン等も摩擦静電起電機で発生した火花放電と雷の類似性に着目し、規模の大小はあっても両者は同一のものではないかと考えるようになった。これを実証したのはフランクリンで、1752 年のことである。

雷の実証研究

フランクリンは 1776 年の米国独立宣言草案者の 1 人で有力な政治家であるが、ロンドンでの長い外交官公務に就き、編集者として自ら寄稿するなど多才の人で、科学者としても多くの貢献がある。彼が電気に関心を持つようになったのは 40 代で、英国王立協会（Royal Society）のコリンソン（Peter Collinson：英、1694～1768）からフィラデルフィア文芸協会（Philadelphia Literary Society）に送られてきた資料を見てからのことといわれている。彼は図 4.6 に示す静電起電機、ライデン瓶などの実験器具を設け、研究を始めた。

雷と静電気の火花放電との類似性については、次のようなものがある。両者ともにジグザグ（zigzag）の形で波打つ。火花の先端は良導体に飛ぶ。燃

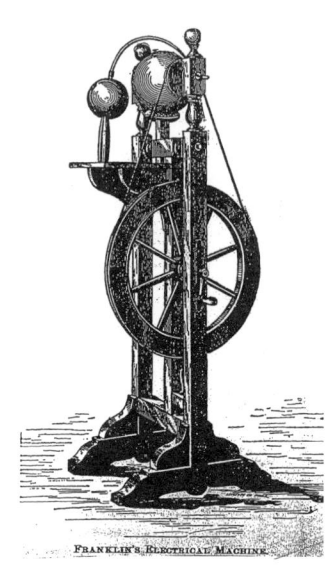

図 4.6 フランクリンが用いた摩擦静電起電機

えやすいものには火を付ける。そうでないものは裂く。金属は溶かす。雷は人を盲にし、時には命を奪う。火花放電も強ければ、鳩を気絶させ、小動物を殺す。フランクリンはこれらの類似性について思いをめぐらし、雷は大規模な静電気現象であることを確かめる研究を始めた。

フランクリンの友人ホプキンソン（Francis Hopkinson：米、1737〜1791）は、球に針を対向させた球対針の電極配置で球を充電すれば、針の先端から激しい火花放電が起こると考えたが、実際は予想に反し、音もなく、無声放電で電荷が放出された。

フランクリンはこの結果を聞き、雲の中の電光（電荷）にも同様なことが起こるはずだと考え、先の尖った金属棒を空中に立てれば、雲の中の電光（電荷）も安全に集められると考えた。

この考え方をさらに進め、図 4.7 に示す番兵小屋のような建屋を高いところに置き、その上に先の尖った鉄棒 a を立て、その下部を L 字形に曲げ、小屋の中に引き込み、大地から絶縁しておけば、雷雲が近づくと鉄棒は充電され、小屋内にいる実験者は自由に雲から電光を引き出せるはずだと推察した。

さて、前述のコリンソンとフランクリンの関係だが、1747 年頃からフランクリンは自分の行った研究結果をコリンソンに手紙の形で伝えていた。

フランクリンの研究結果は、英国の学者たちには植民地の学者などということで評価は低く、王立協会の学術誌 "Philosophical Transactions" に載せてもらえなかったが、コリンソンは 1751 年 4 月下記題名の 86 ページの小冊子を印刷し配布した。

"The new experiments and observations on Electricity made at Philadelphia in America by Benjamin Franklin"

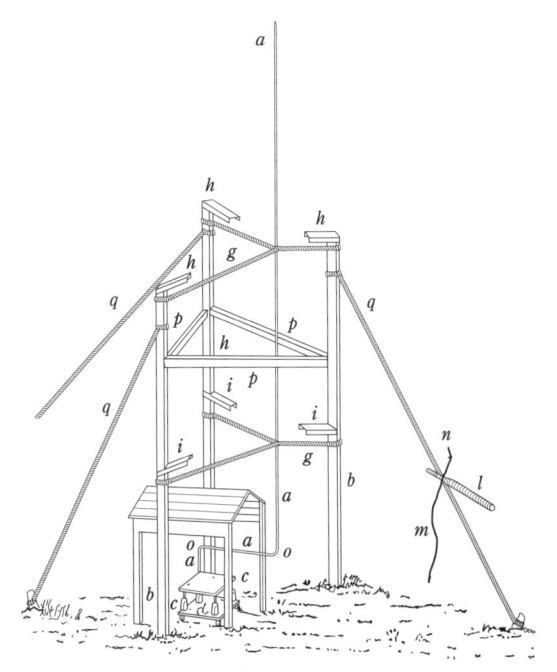

FIRST LIGHTNING ROD PROPOSED BY FRANKLIN.

空中電荷を捕える鉄棒設置の図
("*Electrical World*" 1891年、Augs、p.98より)

図4.7　フランクリンの雷実験。空中電気を集める
　　　構想図（1751年頃）

　この論文は直ちにフランス語、次いでドイツ語に翻訳された。

　フランスのダリバード（Thomas-François Dalibard、1709〜1778）はこの論文を見て、パリ郊外の彼の別荘の丘の上に小屋を建て、径1インチ、長さ40フィート（約13 m）、その下部をワイン瓶で大地から絶縁した鉄棒をその中に建て雷雲の近づくのを待った（図4.8）。

　たまたま、彼の留守のときに雷雲が近づいた。彼の助手コワフィエ（Coiffier）はこの機を失してはならないと考え、電光を引くことを試み、鉄棒の下端より輝くばかりの電光を引くことに成功した。これは奇異にして、重要なことだと思い、直ちに村人を集め、彼らの目前で電光を引くのを見せ驚かせた。これにより、雷はフランクリンのいう通り、静電気現象であること

実験状況（Description populaire, des inventions. modernes, Bd 1, Paris, 1867, Abb267, 5521）

図4.8　ダリバードが雷電光を引く様子

が実証されたことになる。1752年5月のことである。

　ところで、フランクリンだが、当時の通信事情では、この好結果を知る由もなく、彼は自説の、雷は静電気現象であることを1日も早く実証できることを切望していた。

　はじめ、フィラデルフィアに建設予定の高い尖塔屋根を持つ建屋で実験を試みようとしたが、建屋の建設が遅れることになったので、天空の高いところに近づく手段として凧を用いることにした。図4.9はその状況を示した想像図である。凧は木棒を十字に交差させ、これに絹のハンカチを貼り付けたものである。その表面に先の尖った鉄線を付け、これに麻の凧糸を結んだ。麻糸は湿気を持てば導体になる。凧糸の手元側は得られた電荷が大地に逃げないように、絹のリボンを結び、大地から絶縁した。また、その結び目のところに鍵を取り付けた。

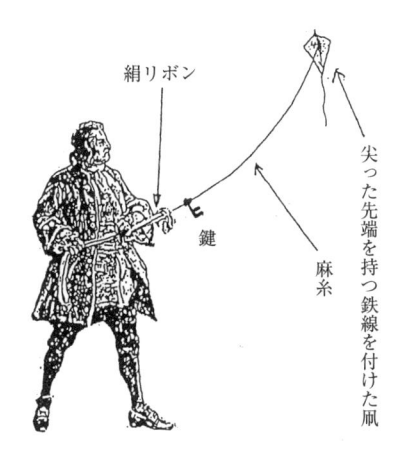

図4.9 フランクリンの凧による雷実験想像図

　期待されるような雷雲が近づいたが何も起こらなかった。諦めかかったとき、麻糸表面の小さな解れが放射状に起立するのを見た。彼が鍵に手を近づけると鍵から指に火花が飛んだ。雨で麻糸が濡れると火花は一段と強くなった。彼は前述のダリバードの静電気実験と同じ結果を得たわけである。
　彼はさらなる実験として、図4.10に示すように、屋根の上に、これと絶縁して鉄棒を立て、その下端に金属球Aを取り付け、これに対峙して大地から絶縁し、自由に動けるように絹糸で吊るした金属球Bを金属球Aと短い距離で離して置いた。さらに同一線上に同じ距離に離してベルを置いた。雷雲が近づけば球Aは雷雲により帯電する。球Bは静電誘導でAと反対符号の電荷が現れることによって、球Aに引き付けられる。そして両者が接触すると、球Bは球Aと同符号の電荷を得、今度は反発し、反対方向に振れ、ベルをたたく。また接地されたベルに球Bが触れることで電荷を失い、元の状態になり、球Bは再度球Aに引き付けられる。この繰り返しで、ベルは連続して鳴ることになる。大袈裟にいえば、自然現象である雷からはじめてエネルギーを得たことになる。
　雷から得られた電気（電荷）はライデン瓶への充電も可能で、静電起電機で充電した場合とまったく同じ作用をすることを確認した。かくて、雷は静

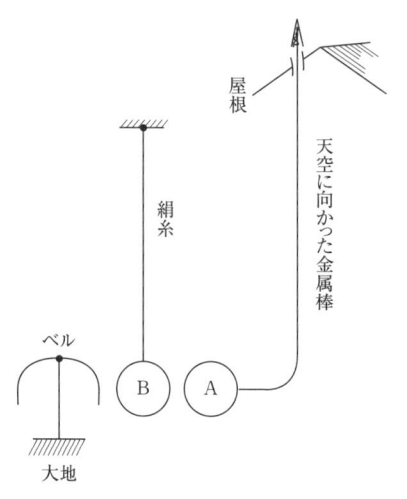

図4.10 雷雲の電荷を集め、ベルを鳴らす実験

電起電機で発生した静電気とまったく同じものであることが確認できたわけである。フランクリンの凧の実験は避雷針の発明となり、今日の人々を雷害から救うことになった。米国100ドル紙幣にはフランクリンの肖像が描かれている（3章図3.5、3.6参照）。

日本の雷研究事始め（江戸時代のこと）

日本が独自に雷研究を始めたということではなく、古くは中国の書から、江戸時代には将軍吉宗の蘭学解禁以後入手できた蘭書を通じての西欧技術の導入から始まった。前者、中国からの技術書を種本とした電気関連の入った代表的書に『和漢三才図会』、後者のそれに『阿蘭陀始制エレキテル究理原』『気海観瀾』『気海観瀾広義』などがある。これらの中の雷関連の記述を探索し、江戸時代の雷事情を知ることにする。

・『和漢三才図会』（1712年〔正徳2年〕寺島良安編）

この書は中国の王圻の『三才図会』を模して作られたものだが、その内容は単なる模倣ではなく、和漢の諸説を集め、独自に編集したものである。当時としては我が国の学術を総括した最新図解百科事典である。

この書の「天部」「天象類」に電と雷があり、両者は別扱いされ述べられている。電は「いなびかり」「いなづま」と呼ばれ、陽気が盛んになり陰を打ち、それが光に見える。秋の夜には「いなびかり」（電）があるのは普通のことだが、このとき稲が実るのでこの名が付けられた。

雷は「いかつち」、または「なるかみ」と呼ばれるもので、擬人化されたものは雷神、雷公、雷師などがある。雷のうち、疾いものは霆と呼ばれる。雷霆に関しては中国古典に多くの記述がある。例えば張九韶の『理学類編』では陰陽が凝集して激しく力を振るって雷霆となり、光を発して音声がこれに続くと記されている。『和漢三才図会』の「天文」では雷は陽気で火に属す。春夏の時季には日光は天頂に近く、地を照らして熱を生じ、雷を生ずると記されてる。その他、『論衡』の雷を書いた図工のこと、儒者は陰陽の理で雷電を解釈しているが、雷には声があり、春に出てきて秋に潜み隠れるので物類あり、儒者のいうことは笑うべきことであること、王枢経の東方に光明雷王が存在すること、『日本書紀』の軻遇突智（火の神）を3段に斬った、その1段が雷神になったこと、落雷時にできる雷斧、雷楔、雷鎚、雷環など、まだまだいろいろなことが語られている。

蘭学からの静電気の研究は、平賀源内が長崎から持ち帰った故障しているエレキテル（静電起電機）の修理に成功し、火花放電実験で高貴の人々を含めて世人を驚かせたことから始まる（1776年〔安永5年〕）。このことより平賀源内は日本の電気の祖と呼ばれている。

・『阿蘭陀始制エレキテル究理原』（1811年〔文化8年〕、橋本宗吉）

その後、エレキテルは医療や見世物に使われ広がった。橋本宗吉はボイス（J. Buys）の蘭書を原書で読み、エレキテルは究理の器なのに世人は玩具扱いするのは喜ばしいことではないとし、同書を翻訳し『エレキテル譯説』を著した。さらにこれを参考にし、彼自身が独自に行った多数の実験例を入れた『阿蘭陀始制エレキテル究理原』を著した。

その内容は彼の改良型エレキテルから始まり、ライデン瓶を用いて電荷を蓄えた静電気電源を用いての20余の実験例を図解説明したもので、これに

> **"こぼれ話"　雷斧、雷楔、雷鎚、雷環など**
>
> 　落雷があれば岩石は砕けて斧など手道具に似たようなものができることがある。雷神は腰に雷環を付け、上記手道具を使って、石を削り、撃つとされている。雷神が遺落（おとしのこ）したものが雷斧などではなくて、実際は銅、鉄でできたきちんとした形のもので、落雷がそのようなものが作れるはずがない。鏃（やじり）、鉾（ほこ）くらいの単純な形のものならできるかもしれないが。

より、橋本宗吉は日本の電気実験の祖ともいわれている。雷関連の3例を下記に示す。

　例1（図4.11（a））　100尺の鉄串にて天から火をとる実験。フランクリンの行った実験。ボイスの蘭書に出ており、実際に試験を行ったのではなく想像図と思われる。

　例2（図4.11（b））　泉州（現・大阪府南部）熊取石にて天から火をとる図説である。友人の荘官中氏の境内は広く、19間の孤松があり、これから天の火をとることを考え、ついに果たしたという。その様子を絵にして送ってきたものである。

　例3（図4.11（c））　水面から手に向かって火を出すこと。陶磁器製鉢の外側をよく拭き、水をたたえ、エレキテルで水に充電する。水面に手を近づければ、水面より指に向かって火が現れる。このことから、彼は「筑紫の不知火（しらぬい）、丹後の竜頭其他暗夜に海上の火顕るるも、皆空中の魄力（はくりき）（越歴（えれき））なると推し知るべしなり。凡諸国の摩訶不思議に何れも魄力有無の感動より外なることなきか」と述べている。上記空電現象が定かでないところがあるが、空中魄力は今風にいえば、先端放電ではないかと推定してもよいのかもしれない。

・『気海観瀾』（1827年〔文政10年〕刊行、青地林宗）、『気海観瀾広義』（1851年〔嘉永4年〕訳述、川本幸民）

　川本は青地の娘婿で、『広義』の方は青地のものを補遺したものである。『気海観瀾』と同『広義』の発刊には25年の経過があり、『広義』の方が内容は

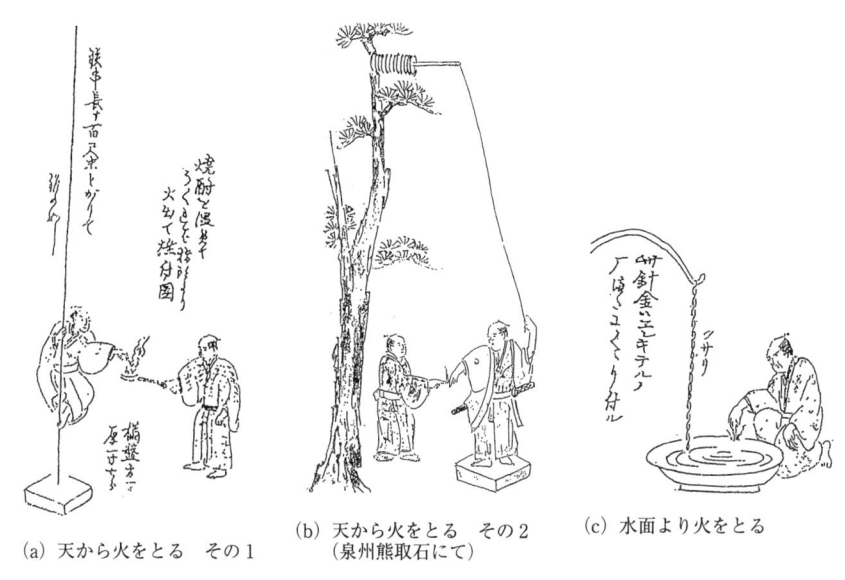

(a) 天から火をとる　その1　　(b) 天から火をとる　その2（泉州熊取石にて）　　(c) 水面より火をとる

図 4.11　橋本宗吉『阿蘭陀始制エレキテル究理原』(1811年)

新しく豊富で、文章も平易で読みやすいので、以下の内容紹介は主に『広義』によることにする。この書はボイスの『理学教科書』("Allegement Naturkunde")や他の蘭書を種本として訳述されたものである。この中の雷関連について述べる。

　現在では静電気現象は正負の電荷間に起こるものであるとされているが、当時は「越暦の増減の理」で説明している。「越暦」は「エレキテル」であり電気であるが、不思議な存在であったようである。電子、電気に通じている。すなわち、すべての物は越暦性を持っているが、発動がなければ、その性を発することがない。発すれば越暦を多く持つ物（強）は少なく持つ物（弱）を引き付け、平均すれば止むというのが「越暦の増減の理」である。

　雷は雲の中の越暦の作用により起こる。蒸気は地上より発する。これには越暦を持っている。これが雲になれば縮束するので、その中の越暦は平均を失う。ということは、越暦の総量は同じでも、縮束の違いがあり、雲の形もいろいろで、したがって越暦の濃度が違ってくる。例えば図 4.12 において、

図 4.12　越暦増減による落雷説明　　　　　図 4.13　避雷針の説明

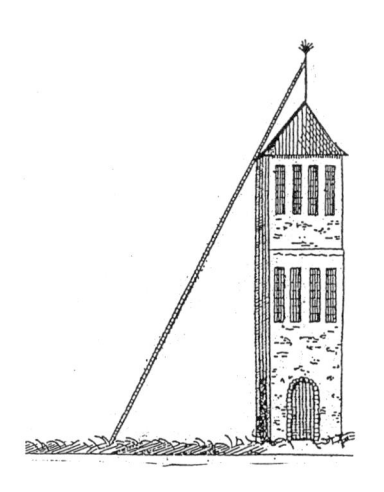

　甲雲の下側の有余（越暦の余ったもの）は乙雲の上側の不足のものに伝わる。乙雲の下側もまた有余のものを地に伝えようとする。そのため、もし地上に喬木、高塔等があればこれにあたるとされる。
　避雷針も説明がある。青地も川本も図4.13と同様のものを用いている。おそらく青地の『気海観瀾』は日本での避雷針の最初の文献かと思われる。それでも、フランクリンの凧の実験から見れば75年後のことである。
　避雷針は1752年、フランクリンの発明によるもので、紙凧（実際は絹貼り）を雲中にあげ、越暦を導き、越暦現象を研究して、雷を導く術を得た（1章11ページおよび本章70ページ参照）。金属は導体で、先鋭なもので徐々に越素（今風にいえば電荷）を引くもので、塔もしくは高層建屋上に長柱を建て、その頂に尖鋭な金属を付け、雲中の越素を導くことは図4.13の通りである。この柱に金鏈(れん)（鎖）を結び塔より下ろして、深く地上に埋めるか、あるいは泉水に投入する。雷雲が近づけば、越素はこの器の先端に引かれ、鏈に従い地ま

76

たは水に入る。

　雷雲を我が屋上に近づけることは恐ろしいことではないか。また天気の良否は天神の司るところなのに、人力で随意にこれを変ずるのは天意に反することにならないかという人がいる。しかし、越暦は銅鉄を好むもので、この柱を高く突出すれば、雲中の越素は必ずこれに導かれ、地に向かい、災いを免れることができる。雷の性質を知らず、唯々恐怖のあまり、神怒というような説を信じてしまうが雷の理を知れば事実でないことがわかる。雷は雲中の越暦の作用で、風雨霜雪と変わるのではなく、音と光を伴うだけだと理解すべきである。

　以上のことを今風に整理すれば、雷は単なる自然現象であること、避雷針の目的は、まず雲に蓄積された電荷を次に述べる先端放電（コロナ放電）で、徐々に地上に流すということであり、雲の電荷を大地の電荷で中和させ、地上面の電界を弱め落雷を防ぐのである。雲中の電荷の蓄積がさらに多くなり、地上面の電界が強く落雷となれば、避雷針に落雷させ、雷電流を地上に流し、建屋その他を保護するのである。

　以上、江戸時代の雷事情を述べたが、中国さらにオランダを通じて、西欧学術情報が伝わり、実経験も含めて、当時の人々はかなり的確な知識で雷現象を理解していたと思われる。

雷の今の考え

　雷は大気の自然現象で、発生原因にはいろいろなものがあるが、これまでにも述べてきたように最も一般的なものは積乱雲によるもので、話はこれに焦点をあて述べることにする。大気層の対流圏の上層を覆っている寒気に、下層の大気が地上の強い日差しで暖められ、上昇気流となって流入すると不安定な状態になり、積乱雲が発生する。下層からの高温多湿の上昇気流は冷やされ、断熱膨張し、含まれた水分は氷晶となる。この潜熱で気流が暖められ、さらに上昇する。積乱雲の頂点は 15km の高さに達することもある。

　積乱雲の中で電荷分離が起こると雷雲になる。電荷分離については諸説があるが、氷結時の温度差による分離説で説明する。氷晶粒子が発生する過程

で、粒子は外側から冷却され、外側が氷結すると、その潜熱で内側が暖められ、粒子内に温度差が生じる。この状態で、氷晶粒子が分裂すると、外側は低い温度なので正に帯電し、細分化され小粒子となり上昇気流に乗り、さらに上昇する。一方内側の高い温度の粒子は負に帯電し、粒子は集まって、霰や雹となって重力により下降する。この分離により、図4.14に示すように上部は正に、下部は負に帯電する。さらに静電誘導で雲最下部には正の電荷が現れる。この状態が強くなると雲の中で、あるいは雲から地上に向かって放電が起こる。これが雷である。

　雷進展の代表的な過程は、雷雲底部から大地に向かっての先駆放電より始まる。放電は雷雲から次々に電荷を受け階段的に進む。地上に近づけば、今度は地上より雲に向かって放電が起こり、両者が結合して放電路が形成される。この放電路を通って大地から雲に向かって、強い発光を伴った帰還雷撃（主放電）が上昇する。この放電路を通って雷撃が繰り返されることがある。これは多重雷撃といわれる。1回だけのものは単一雷撃である。

　以上、雷発生のメカニズムと進展の様子を述べたが、雷は自然現象であり複雑で、奥深いものがある。ここに諸説が生まれる。本書ではこれ以上の究明は気象学者などこの分野の専門家にお任せしたい。また、2章「雷害対策」

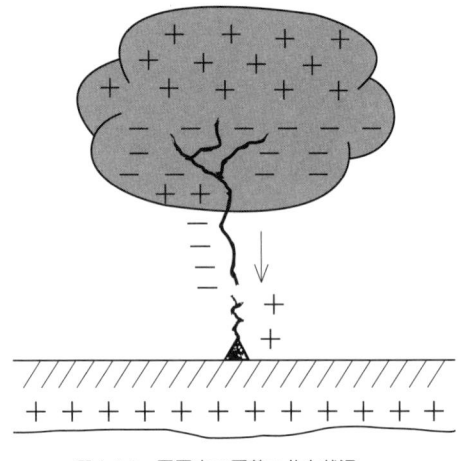

図4.14　雷雲中の電荷の分布状況

雷電圧と雷電流の波形

自然現象である雷電圧、雷電流波形は、当然のことだが千差万別である。雷対応の研究、試験には、妥当で一義的に統一した波形の制定が望まれる。国際規格 IEC（国際電気標準会議〔International Electrotechnical Commission〕が制定する国際規格）で図4.15に示す波形の表示で標準波形が決められている。また呼称には雷インパルス電圧、雷インパルス電流が使われている。日本のJEC規格（電気学会電気規格調査会〔Japanese Electrotechnical Committee〕が制定する電気規格）もこれに合わせている。図4.15に示すように細かく決められているが、大雑把にいえば、電圧立ち上がり点 O から波高点 P に達するまでが波頭で、経過の時間が波頭長 T_1 である。その後が波尾で、波尾は長く続くので、最高点 P の半分 Q_2 になるまでを波尾とし、それに達するまでの時間を波尾長 T_2 とする。実際にオシロスコープで測定した図で、立ち上がり点 O と波高点 P の位置は決め難いので、図に示す規約値で規約原点と規約波頭長を決めることになる。この表示方法で、波頭長 T_1=1.2μs、波尾長

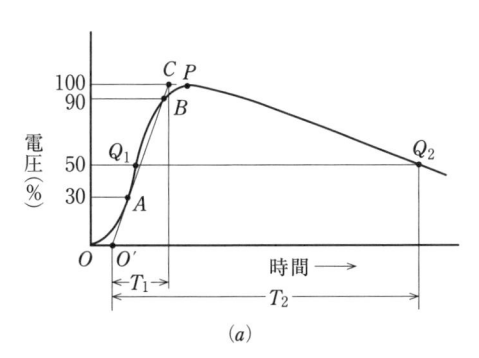

T_1:規約波頭長, T_2:規約波尾長, P:波高点, O':規約原点
T_1=1.2μs, T_2=50μsが標準波形

図4.15　雷インパルス電圧の表示

T_2=50μsを標準雷インパルス電圧波形とし、正、負標準雷インパルス電圧波形を±1.2/50μsと表示する。

雷インパルス電流の標準波形は±4/10μsと±8/20μsの2つがある。

人工雷発生器

雷は大じかけの静電気現象である。雷は雲と大地の間に発生する。両者を電極と考えれば、巨大なコンデンサとなる。したがって、コンデンサを使って雷模擬実験が可能であり、人工雷発生器（衝撃電圧発生器、Impulse Voltage Generator）を作ることもできることになる。

人工雷発生器の具体的説明に入る前に、その理解を助けるため簡単な過渡現象回路をまず紹介する。数式が入るが、面倒と思われる方は結果を示す図4.16を見てもらうことで構わない。

図4.16 (a) において、スイッチ S を閉じれば直流電源（電圧は V とする）から抵抗 R を通じ、コンデンサ C は充電され、その端子電圧 v_a は時間の経過とともに図4.16 (c) に示すように上昇し、最終的には V となる。この経過を数式に示すと下記になる。

$$v_a = V(1-e^{-\frac{1}{RC}t})$$

図4.16 (b) において、すでに V まで充電されているコンデンサ C が抵抗 R を通じ放電すれば、その端子電圧 v_b は図4.16 (c) に示すように低下する。この経過を数式で示せば下記となる。

$$v_b = Ve^{-\frac{1}{RC}t}$$

この RC は時定数と呼ばれ、コンデンサの端子電圧の時間経過を伴う変化の速度を示すもので、RC の時間をすぎれば、その変化量が最終値に対し、63.2％に達する。この関係を知った上で、人工雷電圧発生器の回路を組み立ててみる。

図4.17において、

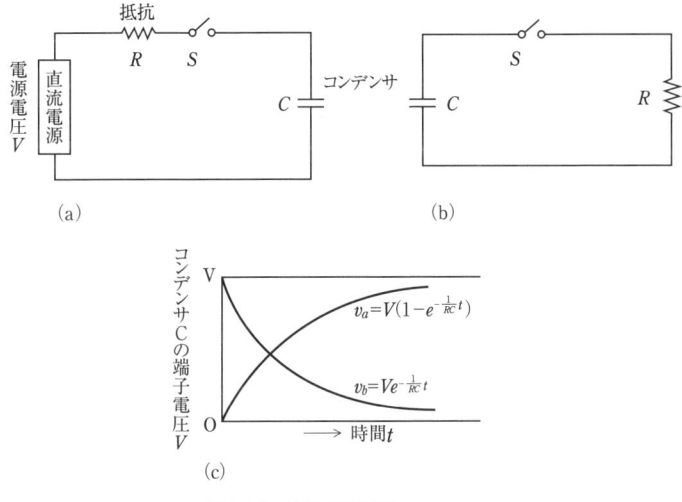

図4.16 過渡現象回路

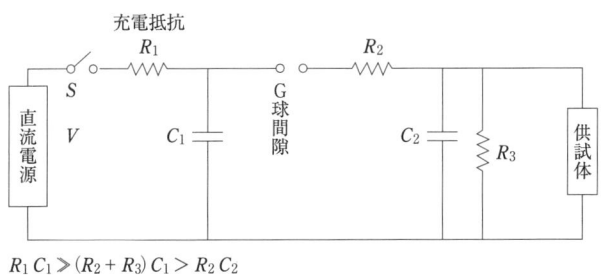

(a) 抵抗 R、スイッチ S、コンデンサ C、直流電源 電源電圧 V

(b) S、C、R

(c) コンデンサ C の端子電圧 V、時間 t
$v_a = V(1 - e^{-\frac{1}{RC}t})$
$v_b = V e^{-\frac{1}{RC}t}$

図4.17 人工雷電圧発生器の基本回路

充電抵抗 R_1、S、直流電源 V、C_1、G 球間隙、R_2、C_2、R_3、供試体

$R_1 C_1 \gg (R_2 + R_3) C_1 > R_2 C_2$
R_1は充電抵抗
C_1は主コンデンサ
R_2, R_3, C_2は波形形成用要素

$R_1 C_1 \gg (R_2 + R_3) C_1 > R_2 C_2$, $C_2 < C_1$

とする。

スイッチ S を閉じれば C_2 の端子電圧は直流電源電圧抵抗 R を通じ直流電源電圧 V まで上昇する。この電圧で球間隙 G が閃絡すれば C_1 に蓄えられた

電荷は抵抗 R_2 と R_3 を通じて放出される。この間、C_2 は R_2 を通じて充電されるが、$(R_1+R_2)\,C_1$ の時定数が C_1R_2 の時定数より大きいので、C_2 の端子電圧は R_3 からの放出電流を無視して立ち上がり、V に近い電圧まで上昇し、波頭を形成する。次いで C_1+C_2 の電荷は R_3 を通じて放出され、波尾を形成する。波形形成の時間内では R_1C_1 の時定数が大なので、直流電源からの電流の流入は無視して差し支えない。回路の各要素は適当に選べば、1.2/50μs の波形の電圧が得られる。選定の方法は専門書に委ねる。

さて、実雷を想定するような高い電圧、数百万 V を得るには 1 個のコンデンサでは無理である。実用的レベルで作られるコンデンサの定格電圧は 100〜200kV 程度である。高いインパルス電圧を得るには多数個のコンデンサを直列に接続することが必要である。具体的には、多数のコンデンサを相互絶縁して階段状に積み上げ、まずこれらを並列接続でコンデンサの定格電圧相応の電圧まで充電する。これを直列接続に切り替えれば高い電圧が得られる。この方法で高いインパルス電圧を得る回路を考えたのはドイツ、ブラウンシュワイク（Braunschweig：独）の電気技術者、マルクス（Erwin Otto Marx：独、1893〜1980）である（1924 年）。

具体的な回路として、マルクス回路と呼ばれている倍電圧直列充電回路を例にとり、人工雷インパルス電圧発生器の回路を説明する。これは多段式インパルス電圧発生器と呼ばれている。図 4.18 において、まず充電用抵抗 $r_1, r_2, \ldots, r_n$ を通じすべてのコンデンサが所定電圧を得るまで充電する。この状態で初段のコンデンサに接続している球間隙 g_s を閃絡させると、その衝動で各段の球間隙 $g_1, g_2, \ldots, g_n$ が閃絡する。これらを通じすべてのコンデンサは直列状態となり、高い電圧のインパルス電圧が最終段の球間隙 G を通じ外部に放出され、供試体に印加される。なお、充電用抵抗 $r_0, r_1, \ldots, r_n$ とコンデンサ C の時定数は十分大きくとってあるので、インパルス電圧形成時の $r_0, r_1, \ldots, r_n$ を通じての充電電流は無視して差し支えない。

始動の間隙 g_0 の閃絡にはいろいろな方法があるが、ここでは原理を示すだけなので、最も簡単な 3 点ギャップで説明する。図 4.19 に示すように 3 球で構成されている。C には閃絡に近い電圧まで充電しておく。この状態で、

4章 雷の研究

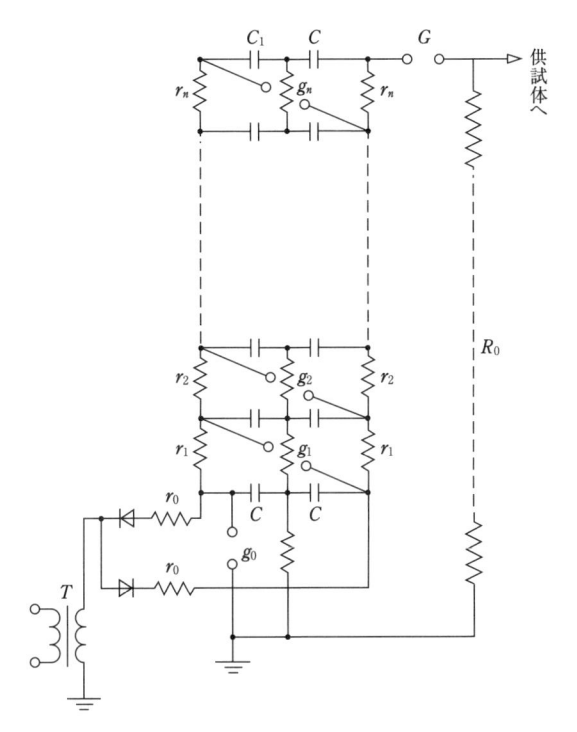

図4.18 人工雷インパルス電圧発生器の倍電圧直列充電回路

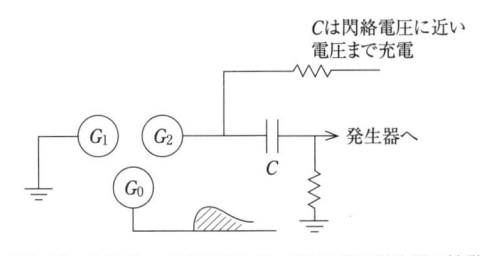

図4.19 3点ギャップでの雷インパルス電圧発生器の始動

始動用の第3の球 G_0 に小型インパルス電圧発生器からのインパルス電圧を加えれば、G_0 と G_1 と G_2 の間の間隙に閃絡が起こり、さらに球 G_1 と G_2 は閃絡する。G_2 の電圧は閃絡により充電されていた電圧より大地電圧になり、その衝動で次々に上段の球間隙が閃絡することになる。図 4.20 (a)、(b) に

83

人工雷インパルス電圧発生器（定格電圧 600 万 V）
雷インパルス電圧測定装置

図 4.20(a)　人工雷インパルス電圧発生器（㈱東芝より）

人工雷インパルス電圧発生器とそれを用いた閃絡試験の例を示す。

雷インパルス大電流回路

　基本的には電圧発生回路と類似である。電圧の場合は多数のコンデンサを直列にすることで高電圧を得ているが、実雷を想定する 100kA のような大電流は多数個のコンデンサの並列接続で得ることになる。図 4.21 に具体的回路を示すが、L は接続線などに寄生的に存在する漂遊インダクタンスで、大電流なので、その流れに大きく影響する。極力小さくする工夫が必要で、コンデンサは供試体を中心に放射状、円形配置にし、接続線は極力短くするなどの工夫を要する。

100万送電機器の火花閃絡試験

図 4.20(b)　人工雷インパルス電圧による閃絡試験の例（㈱東芝より）

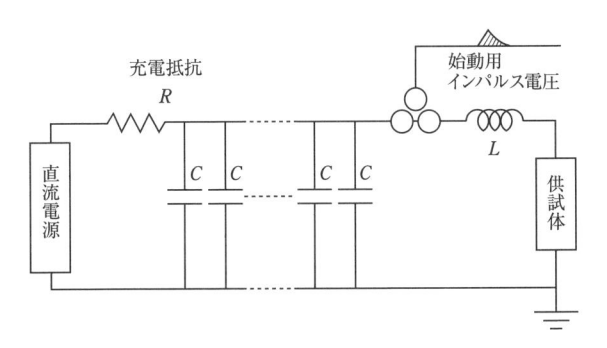

図 4.21　雷インパルス電流発生器回路図

索　引

●ア　行

アーク放電	24
IEC 規格（国際規格 IEC）	18, 79
IHI	43
アウグスティヌス	64
青地林宗	74
明石博高	7, 14
悪源太（源義平）	53
浅草の観音様	54
『あらし』	56
霆	49
伊弉諾尊（伊耶那岐）	52
伊弉冉尊（伊耶那美）	52
陰陽両気	63
上向きリーダ	27-8
雲間放電	26
越素	76
淮南	49
『淮南子』	49-50, 63
ENERCON	44
FRP	47
越暦	74
――の増減の理	75
エレキテル（静電起電機）	73
『エレキテル譯説』	73
焔硝蔵	62
沿面放電	34
王充	50
王枢経	73
尾形光琳	55
長田四郎忠致	53
小幡篤次郎	14
お迎え放電	28, 31, 33-4
『阿蘭陀始制エレキテル究理原』	72-3

●カ　行

海内東経	50
回転球体法	19
夏季雷	4, 25-7
軻遇突智（火之迦具土神）	52, 73
上賀茂神社（賀茂別雷神社）	52
雷インパルス電圧	79
雷インパルス電流	79
『雷の話』	58
神山	52
蚊帳	46
火薬庫	62
火雷天気毒王	52
川本幸民	74
神田選吉	58
『気海観瀾』	72, 74
『気海観瀾広義』	72, 74
帰還放電（主放電）	36, 78
北峯閑人	12
規約原点	79
規約波頭長	79
キャスタ	57
救命救急センター	30
京都建仁寺	55
『玉露叢』	62
ギルバート	64
『金史』	58
金属メッシュ	44
筋肉壊死	28
クライスト	67
クレタ島	55
グロー放電	65
クロノス王	55
クワバラ	52
ゲーリケ	65-6
『元史』	60
国際電気標準会議	79
『五雑組』	51
コリンソン	67-8
コロンブス	58
コワフィエ	69

●サ　行

サージ電圧	24, 35

87

災害記録年表	58
サン・マルコ聖堂	61-2
『三才図会』	72
3点ギャップ	82
CFRP	44
GFRP	44
シェイクスピア	56
JEC 規格	79
『磁気論』	64
地震と雷よけ立ち退き殿造り	13
JIS 規格	18
下向きリーダ	27
シベリア寒気団	26
謝肇淛	51
衝撃電圧発生器	80
ショック症状	29
沈括	60
進行性壊死	28
心室細動	29
『晋書』	58
『新法須知』	14
水平導線	19
菅原道真（天神様）	52
静電気	2, 63
静電起電機	65, 67
静電気放電棒	47
成都王	58
清涼殿	53, 59
ゼウス	55
積乱雲（入道雲）	2, 26, 63
接地電極	19
『山海経』	50-1
先駆放電	36, 78
浅草寺	54
先端放電（コロナ放電）	57, 63, 77
セント・エルモの火	56-7
セントクロワー教会	10
側撃雷	3, 24, 28, 30-1, 33-4, 37

●タ　行

『大地震暦年考』	12
対地放電	26
竹岡支仙	14

武甕槌神（建御雷之男神）	52
凧	70
多重雷	4, 35
ダリバード	69
俵屋宗達	55
『チェンバーズ』	14
直撃雷	2-3, 23
低カリウム血症	28
狄仁傑	51
電界	57
電荷分離	77
『電気及磁石』	14-5
『電氣論』	14-5
電撃傷（電紋）	28, 30
電車用アレスター	40
『天変地異』	14-5
天文訓	49
電流斑	28
冬季雷	4, 25-7
東寺	61
東大寺	61
等電位ボンディング導体	22
突針	19
鳥居菊助	16-7

●ナ　行

中神保	14
ナセル	40
難波三郎経房	53
仁賀保高原風力発電所	41-2
『日本災異志』	58
『日本書紀』	73
ニュートン	5
農家雷風よけ	12
能代風力発電所	41

●ハ　行

橋本宗吉	73
ハデス	55
波頭	79
——長	79
波尾	79
——長	79

万国避雷針会議	8, 17
万国避雷針会議報告書	16
引き下げ導線	19
火花放電	65, 68
ピボット	64
100ドル紙幣	56, 72
標準雷インパルス電圧波形	80
避雷針	7, 44, 76
『避雷針建設方法』	16
『避雷針叢説』	16
避雷対策	28
平賀源内	73
ファラデーケージ効果	30
風車	40
深間内基	14
藤原清貫	53
藤原時平	52
佛宮寺	61
——釋迦塔	61
仏国電気博覧会	10
『物理小識』	60
フランクリン	5, 7-8, 56, 67-70
——の凧	11
ブレード	40
プロペラ型	41
『平治物語』	52
ヘレナ	57
方以智	60
寶龜	59
『防雷鍼晷説』	7, 14-5
ホークスビー	5, 65-6
保護角法	19
ポセイドン	55
細川潤次郎	14
本仁田山	30
歩幅電圧	34
歩幅電圧傷害	4, 28
ホプキンソン	68
ポラックス	57

●マ 行

摩擦静電起電機	65
マルクス	82
マルマ	66-7
萬安寺	59
ミュッセンブルク	67
『夢渓筆談』	60
無声放電	7, 68
メッシュ導体	19
メッシュ法	20-1

●ヤ 行

薬師寺西塔	61
山本健吉	16
誘導雷	2, 23, 35
横浜中華街関帝廟	60

●ラ 行

雷環	73-4
雷虚編	50
雷楔	73-4
雷公	50
雷獣	18
雷神	50
雷鳥	18
雷槌	73-4
雷霆	18
雷霆年表	58
ライデン大学	67
ライデン瓶	5, 7, 63, 67, 71
雷斧	73-4
Lagerwey	43
『理学類編』	73
李舜挙	60
劉安	49
レセプター	41-3
『論衡』	50

●ワ 行

『和漢三才図会』	50-1, 72-3

【著者紹介】

乾　昭文（いぬい　あきふみ）
　元（株）東芝、国士舘大学教授

山本　充義（やまもと　みつよし）
　元（株）東芝、元埼玉大学教授、元拓殖大学教授

川口　芳弘（かわぐち　よしひろ）
　元（株）東芝、元国士舘大学教授

雷の不思議

2015年10月19日第1版1刷発行

著　者──乾　昭文・山本充義・川口芳弘
発行者──森　口　恵美子
印刷所──神谷印刷㈱
製本所──㈱グリーン
発行所──八千代出版株式会社
　〒101-0061　東京都千代田区三崎町2-2-13
　TEL　03-3262-0420
　FAX　03-3237-0723
　振替　00190-4-168060

＊定価はカバーに表示してあります。
＊落丁・乱丁本はお取替えいたします。

©A. Inui & M. Yamamoto & Y. Kawaguchi, 2015
ISBN 978-4-8429-1663-7